# Mente Desbloqueada

O Guia Secreto da CIA para Moldar a Realidade

Skye Alden

22 Lions

Mente Desbloqueada: O Guia Secreto da CIA para Moldar a Realidade

Escrito por Skye Alden

# Índice

# Introdução

O mundo parece sólido e fixo, como se a realidade fosse algo externo que simplesmente aceitamos. E se eu lhe dissesse que sua mente não está apenas observando o mundo se desenrolar? Na verdade, ela está ajudando a moldar como as coisas acontecem. Isso não é uma ideia de ficção científica. Durante a Guerra Fria, uma equipe discreta dentro da CIA descobriu essa verdade. Enquanto todos se preocupavam com espiões e bombas, esses cientistas se voltaram para dentro. Eles exploraram o poder da mente humana, não por teoria, mas porque a sobrevivência dependia disso.

"Mente Desbloqueada: O Guia Secreto da CIA para Moldar a Realidade" revela esses estudos ocultos. Nele, você encontrará descobertas reveladoras sobre ondas cerebrais, sobre como percebemos o mundo e sobre as maneiras surpreendentes como nossas mentes se conectam com nossos corpos. Da visão remota à influência em grandes eventos — coisas que a maioria das pessoas nunca ouviu falar —, essa pesquisa ultrapassou limites. No entanto, o verdadeiro presente está em como esses insights mostram novas maneiras de mudar a própria vida.

Você está pronto para ir além dos limites que pensava ter? Para explorar todo o poder da sua consciência? Para realizar o que realmente deseja, melhorar seu bem-estar e enfrentar as reviravoltas da vida com calma e controle? Este livro não trata apenas do que a CIA aprendeu. Ele é o seu mapa para dominar o que tentaram manter em segredo. Prepare-se para reescrever sua história, abrir novas portas e viver a vida que o aguarda.

# Capítulo 1: A Jornada Começa

Tudo começou com uma pergunta simples. Uma pergunta tão básica que continuou a ecoar ao longo do tempo, ressoando na mente de muitos: O que é a realidade? Será que é apenas o que vemos, ouvimos, tocamos, provamos e cheiramos? Ou existe algo mais, algo além do que nossos sentidos percebem? Para a maioria, isso é apenas um pensamento para passar o tempo, algo para se discutir casualmente durante um café ou em conversas noturnas com um amigo. Mas, para um pequeno e incomum grupo dentro da CIA, a questão não era tão simples assim. Essa pergunta não era uma teoria ou uma curiosidade ociosa. Era urgente. Era importante para a sobrevivência.

Em meados do século XX, quando a Guerra Fria aquecia o mundo, os países não se limitavam mais a espionar por meio de dispositivos e agentes secretos. Isso não bastava mais. A competição havia se tornado acirrada. Os riscos pareciam maiores do que nunca. Então, a CIA começou a olhar para dentro, para a mente. Eles se perguntaram se a mente poderia ser mais do que compreendíamos. Ela poderia reunir informações além daquelas captadas pelos olhos e pelos ouvidos? Poderia alcançar lugares que os espiões não conseguiam? Não se tratava de suposições ou fantasias. Era um trabalho real, apoiado por muito dinheiro e anos de estudo.

Inicialmente, eles analisaram coisas como a percepção extra-sensorial (ESP), ou a ideia de que você poderia sentir coisas sem usar os sentidos habituais. Testaram a visão remota, que consiste em tentar ver lugares distantes sem estar lá. Começou com pequenos experimentos, mas logo cresceu. Cientistas de várias áreas se juntaram a eles: psicólogos, físicos e pesquisadores com profunda curiosidade e sólida formação. Todos queriam descobrir o que acontece dentro de nossas cabeças quando experimentamos o mundo. E se a mente não apenas observa a realidade, mas também a alcança e a molda? E se o que pensamos e acreditamos muda o mundo ao nosso redor?

Isso parece ficção científica. Mas pense em sua própria vida. Todas as suas memórias, sentimentos e pensamentos vivem dentro da sua mente. A realidade que você experimenta é construída a partir da maneira como o seu cérebro filtra e interpreta as informações enviadas pelos seus sentidos. Se os seus pensamentos mudam, a sua experiência da realidade também pode mudar. Isso não é uma suposição, mas o que mostram as pesquisas. O trabalho da CIA confirmou que o que acontece dentro de nós pode afetar o que acontece fora. A fronteira entre a mente interior e o mundo exterior não é tão rígida quanto pensávamos.

O efeito placebo é uma prova disso. Pessoas que pensam estar tomando remédios às vezes melhoram mesmo quando estão tomando apenas comprimidos de açúcar. Suas mentes criam uma mudança em seus corpos. E isso não acontece apenas na medicina.

Atletas, empresários e pessoas comuns também apresentam esse tipo de efeito. Quando a crença é forte, o corpo e o cérebro trabalham juntos para torná-la realidade. Esse poder da mente está no cerne da descoberta da CIA: a mente pode moldar a realidade de maneiras que muitas vezes passam despercebidas.

Você pode perguntar: por que isso importa na vida real? Afinal, contas não se pagam sozinhas, prazos não mudam e responsabilidades nunca desaparecem. Por que, então, devemos nos aprofundar no funcionamento da consciência? Porque isso lhe dá controle. Imagine poder mudar as histórias que sua mente conta a si mesma — histórias de medo, dúvida ou fracasso. E se você pudesse usar todo o poder do seu cérebro para alcançar objetivos que antes pareciam inatingíveis? Imagine estar em plena sintonia com a sua mente e a sua vida, de modo que os obstáculos se tornem oportunidades de crescimento. Isso não é fantasia. É uma habilidade que qualquer pessoa pode aprender.

O caminho à frente nem sempre será fácil. Algumas ideias podem desafiar suas crenças de longa data. Outras podem parecer estranhas ou desconfortáveis. Mas o desconforto geralmente antecede o crescimento. À medida que explorarmos o que a CIA descobriu em suas longas décadas de pesquisa, você encontrará maneiras práticas de mudar a forma como pensa, sente e age. Você aprenderá sobre ondas cerebrais e sua função, o papel da percepção na formação do mundo e as estranhas regras quânticas que governam tudo ao nosso redor. Você também experimentará práticas simples, como meditação, visualização e afirmações, para ajudar a reprogramar sua mente e sua vida.

Este é um convite para ir além do pensamento cotidiano e entrar em contato com algo maior dentro de você. No final, você não apenas entenderá como a sua mente muda a sua realidade, mas também aprenderá a usar esse conhecimento para construir a vida que deseja.

# Capítulo 2: Entendendo a Consciência

E se a consciência não fosse apenas uma testemunha silenciosa no banco de trás, mas um motorista animado que dirige toda a viagem? Essa ideia, que está por trás do estudo da CIA, nos leva a repensar a maneira como vemos a consciência, como ela funciona e qual papel desempenha na formação do nosso mundo.

Pense na consciência como a simples sensação de saber: saber quem você é, saber o que está ao seu redor e conhecer os pensamentos e sentimentos que giram dentro de você. Ela é o holofote mental que ilumina o que é importante e escurece o resto, transformando-o em ruído de fundo. Claro, isso parece simples, mas a questão que todos voltam a discutir é: de onde realmente vem a consciência? Ela seria apenas o cérebro disparando sinais elétricos, como a ciência frequentemente afirma? Ou ela existe além do invólucro físico, como a sabedoria antiga há muito sugere? A verdade, sugere o trabalho da CIA, pode não estar exclusivamente em um dos lados, mas em algum lugar no meio confuso.

Os filósofos debruçam-se sobre a consciência há milhares de anos. Platão e Aristóteles traçaram seus contornos, enquanto mentes modernas, como as de Francis Crick e Christof Koch, investigaram seus aspectos biológicos. Agora, essa nova pesquisa lança uma nova luz sobre o assunto: a consciência não observa passivamente, ela está ativamente envolvida, moldando a realidade peça por peça. Ela transforma a história de sermos meros espectadores em fazer parte da equipe de roteiristas da história.

Imagine-se em um lugar lotado, com sons ecoando ao seu redor. Seu cérebro recebe uma enxurrada de sons, mas apenas a voz da pessoa à sua frente se destaca. Isso é a consciência atuando como uma seletora. Ela não é apenas um filtro, mas um guia influenciado pelo que você sente e espera. O medo pode sintonizá-lo com um perigo potencial, enquanto a calma volta seu olhar para as oportunidades. O mundo que você vê por meio da consciência adquire as cores do que está dentro de você.

Agora, considere o famoso "teste do gorila". Nele, uma pessoa vestida com uma fantasia de gorila caminha por um grupo que joga basquete, mas a maior parte das pessoas não percebe, pois suas mentes estão concentradas no jogo. A isso chamamos de cegueira por desatenção. É um exemplo vívido de como aquilo a que prestamos atenção molda nossa experiência, fazendo com que a realidade se curve às nossas escolhas conscientes.

A consciência não apenas molda o que vemos, mas também a forma como entendemos. As cores, por exemplo, não existem nos objetos em si; elas surgem em nossa mente, transformando ondas de luz simples em tons ricos. Nossos sentidos não transmitem o mundo diretamente; eles enviam sinais codificados que a consciência traduz. Isso sugere um mundo muito mais complexo do que nossas mentes nos permitem experimentar.

Se a consciência ajuda a moldar a realidade, então mudar o nível de consciência pode alterar a experiência de vida. Estudos da CIA mostraram que os estados das ondas cerebrais estão ligados aos níveis de consciência. O sono profundo é acompanhado por ondas delta lentas, enquanto a criatividade e o foco intenso estão associados a ondas gama rápidas. Ao alterar esses estados de forma intencional, as pessoas podem acessar poderes mentais ocultos e transformar suas experiências.

Uma descoberta notável diz respeito às ondas teta, presentes em estados de relaxamento ou meditação. Elas constroem pontes entre os pensamentos conscientes e as camadas mais profundas do subconsciente, oferecendo uma maneira de se libertar de ideias limitantes e desbloquear o potencial. Os participantes afirmam ter adquirido uma intuição mais apurada, imagens mais nítidas em suas mentes e até vislumbres do que está por vir. Entrar nesses estados mais profundos parece menos com autoajuda e mais com a entrada em uma verdade mais ampla.

A teia tecida aqui não se limita aos indivíduos. Há cada vez mais evidências de algo maior: um campo compartilhado que conecta todas as mentes, uma consciência coletiva. Essa visão antiga descreve uma mente universal que guarda as memórias e as esperanças de todos os seres. Não se trata apenas de conversa fiada: fenômenos modernos, como o pensamento de grupo e o comportamento sincronizado, apontam para essa conexão.

Quando muitas pessoas compartilham uma crença ou intenção, ela pode se espalhar e criar efeitos no mundo real. Os céticos podem descartar essa ideia, mas as pesquisas sugerem que essa consciência compartilhada é capaz de mover eventos em grande escala.

Enfrentar a consciência coletiva significa conviver com o paradoxo. Ela é algo privado e pessoal, uma jornada dentro do seu próprio mundo. No entanto, ela o conecta a uma rede que se estende além do eu, ligando pensamentos, sentimentos e energias por meio do tempo e do espaço. Aqui reside a dupla verdade do ser humano: somos construtores e criaturas dos mundos que moldamos.

Estamos o tempo todo nos deparando com perguntas desconcertantes. De onde vem a consciência? Ela é produzida apenas dentro do cérebro ou se estende além dele? As máquinas poderão realmente despertar para si mesmas, ou essa centelha é exclusivamente humana? Talvez as respostas escapem por entre os nossos dedos, mas a jornada para encontrá-las nos impulsiona para a frente e abre a porta para uma compreensão nova e profunda.

Olhar para a consciência dessa maneira remodela a forma como vemos a realidade. Ela não é algo imutável lá fora. Pelo contrário, a realidade dança conosco, crescendo e mudando à medida que pensamos, sentimos e escolhemos. A consciência não é estática; é uma habilidade a ser desenvolvida, um poder a ser exercido, algo vivo que evolui à medida que evoluímos.

# Capítulo 3: A Ciência das Ondas Cerebrais

Sua consciência é o pincel que pinta o quadro da sua vida. Cada pensamento e cada sentimento adiciona um traço. Aprender a reconhecer e a moldar cuidadosamente essas ferramentas pode transformar não apenas o seu mundo, mas também a história coletiva que compartilhamos. Tudo começa com o reconhecimento do poder da sua mente. A partir daí, o caminho se abre, convidando você a caminhar profundamente e longe, rumo ao que é possível.

Para compreender de fato como nossas mentes moldam o mundo em que vivemos, é útil prestar atenção às ondas cerebrais. Elas não são meros lampejos aleatórios de eletricidade dentro de nossas cabeças. São ritmos constantes criados quando os neurônios, minúsculas células cerebrais, disparam juntos. Assim como um pulso ou uma batida, as ondas cerebrais são a forma como nossas mentes se comunicam. Elas preparam o terreno para tudo o que sentimos, pensamos e experimentamos.

Imagine as ondas cerebrais como vibrações que transportam nossos estados de espírito. Se descobrirmos como sintonizá-las e direcioná-las, teremos a chance de mudar não apenas o que acontece dentro de nossas cabeças, mas também o que aparece lá fora, no mundo.

Existem vários tipos de ondas cerebrais, cada uma com seu próprio ritmo. Primeiro, temos as ondas delta. Elas zumbem lentamente, entre meio e quatro batidas por segundo. É possível encontrá-las principalmente durante o sono profundo, sem sonhos. Esse descanso profundo é quando nosso corpo se repara e cresce, e as memórias são armazenadas com segurança. As ondas delta estão relacionadas ao estado de tranquilidade da nossa mente, aquele lugar onde saímos da consciência e simplesmente existimos. Não podemos controlá-las diretamente, mas elas mantêm o sistema nervoso estável e forte.

Quando as ondas delta diminuem, surgem dificuldades para dormir, a ansiedade pode aumentar e a energia se esgota mais rapidamente. Logo acima das ondas delta estão as ondas teta. Elas pulsam entre quatro e oito vezes por segundo. As ondas teta pairam na zona crepuscular entre a vigília e o sono. É o lugar onde os sonhos começam a se agitar, onde novas ideias surgem e a intuição se torna mais clara. Quando as ondas teta fluem, a lógica cotidiana recua o suficiente para permitir que o subconsciente assuma o controle. Artistas, inventores e pensadores recorrem a esse estado para encontrar inspiração. Momentos de silêncio durante a meditação ou a hipnose muitas vezes ativam essas ondas, abrindo portas para mudanças profundas. Pesquisadores e programas secretos identificaram poderes especiais ligados a elas. Talvez esse estado mental contenha chaves que ainda não compreendemos totalmente.

Em seguida, vêm as ondas alfa. Elas pulsam cerca de dez vezes por segundo e proporcionam uma sensação de alerta calmo. É possível entrar no estado alfa quando se está relaxado, mas acordado — talvez sentado em paz ou perdido em um momento de criatividade. As ondas alfa conectam a mente consciente com camadas mais profundas e invisíveis. Suaviza pensamentos e emoções, trazendo equilíbrio. Pessoas que frequentemente visitam o estado alfa geralmente são melhores em lidar com sentimentos, resolver problemas e, de modo geral, se sentir bem. Entrar em alfa é tão simples quanto pausar o barulho do dia a dia, respirar fundo ou prestar atenção em silêncio.

Isso convida para uma quietude suave, que limpa o caminho silenciosamente. As ondas beta vibram mais rápido. Elas oscilam entre doze e trinta batidas por segundo. Esse é o ritmo mental do pensamento diário: planejar, conversar, trabalhar. O estado beta impulsiona a ação e o foco, mas pode se tornar confuso quando acelerado demais. O excesso de ondas beta significa que o estresse se intensifica e a mente se enche de conversas intermináveis. Muitas pessoas vivem presas à agitação do estado beta, em um ciclo de velocidade incessante. Acalmar as ondas beta requer prática. Yoga, tai chi chuan e métodos de relaxamento lento podem desacelerar essa agitação mental, criando espaço para a calma sem perder a nitidez.

Nas velocidades mais rápidas estão as ondas gama. Elas se movimentam a mais de trinta batidas por segundo, brilhando em momentos de foco intenso e insights repentinos. As ondas gama são onde diferentes partes do cérebro se conectam e sincronizam seu ritmo. Essas ondas tecem ideias em novos padrões, resolvendo quebra-cabeças dos quais nem tínhamos conhecimento. Pessoas que experimentam ondas gama frequentemente relatam uma sensação de conexão, clareza e até mesmo um lampejo de espiritualidade. Meditadores experientes frequentemente apresentam fortes explosões de ondas gama. Isso sugere que as ondas gama podem ser uma porta para níveis mentais mais elevados e um caminho para a expansão da consciência. Para quem busca uma mente mais afiada ou uma compreensão mais profunda, cultivar ondas gama parece ser um caminho promissor.

Pense nessas ondas cerebrais como membros de uma banda. Cada uma desempenha seu papel, dependendo do que está acontecendo ao nosso redor ou do que escolhemos fazer. Assim como um músico afina as cordas para obter a nota certa, podemos aprender a guiar nossas ondas cerebrais e, assim, moldar como pensamos e sentimos. Existe uma tecnologia chamada neurofeedback, que rastreia as ondas cerebrais em tempo real e fornece essas informações. Com isso, as pessoas podem aprender a controlar suas mentes como um piloto no controle de um avião. Alguns programas ultrassecretos já utilizaram esses métodos para aprimorar habilidades psíquicas, comprovando que as ondas cerebrais não são apenas passivas, mas podem ser direcionadas para produzir mudanças reais.

# Capítulo 4: A Conexão Mente-corpo

As ondas cerebrais podem conter pistas sobre como a própria realidade funciona. A física quântica aponta para uma ligação profunda entre a consciência e o universo. E se as ondas cerebrais forem uma ponte que conecta nossa consciência à estrutura de tudo? O famoso experimento da dupla fenda mostra que as partículas se comportam de maneira diferente quando são observadas, um verdadeiro quebra-cabeça chamado efeito observador. Alguns pensadores sugerem que nossas ondas cerebrais influenciam esses minúsculos eventos quânticos, moldando o que se desenrola no mundo exterior. Isso significaria que nossos pensamentos emitem ondas que vão muito além do crânio.

Essa ideia ecoa antigos ensinamentos. Há muito se diz que o universo é um único campo de energia sensível ao foco humano. A ciência agora apoia essa ideia de maneiras estranhas. Estudos mostram que grupos de pessoas concentradas juntas podem mudar coisas, como uma queda nas taxas de criminalidade, a cura em lugares conturbados e mudanças nos padrões sociais. Essa atenção compartilhada pode sintonizar as ondas cerebrais, criando ondas de energia que se espalham para fora. Seja por meio da oração, da meditação ou de reuniões em massa, os seres humanos conhecem o poder do foco coletivo. A neurociência moderna revela que, quando nossos ritmos cerebrais se sincronizam, criamos campos que se espalham muito além de nós.

Aprender a trabalhar com ondas cerebrais leva tempo. Felizmente, há muitas ferramentas que podem ajudar. Os batimentos binaurais, por exemplo, reproduzem dois tons levemente distintos nos ouvidos. O cérebro percebe a diferença e muda naturalmente para delta, teta, alfa ou gama. Dispositivos de biofeedback monitoram sinais do corpo, como frequência cardíaca, suor e respiração, e mostram como o sistema nervoso responde. A combinação desses recursos modernos com técnicas antigas, como respiração focada, meditação ou registro em diário, forma uma base sólida para o domínio da mente.

No entanto, dominar as ondas cerebrais não significa apenas pensar melhor. Significa recuperar o controle da própria vida. Cada pensamento planta uma semente no jardim da realidade. Cada sentimento envia ondas para tudo ao nosso redor. Aprender a sintonizar as ondas cerebrais significa direcioná-las com um propósito, moldando o futuro com uma intenção clara. Isso representa um ponto de virada para o crescimento humano. Não somos espectadores passivos do espetáculo da vida. Nós a dirigimos, criando cada cena com a nossa mente e o nosso coração.

Por meio de exercícios simples, como visualização e atenção plena, você aprenderá a alinhar os ritmos da sua mente aos seus objetivos mais verdadeiros. Esse caminho transforma esperanças distantes em realidade vivida. Por enquanto, pare e reflita sobre o poder das suas ondas cerebrais. Elas não são meros sinais elétricos. São os arquitetos do mundo ao seu redor. Ao aprender a moldá-las, você reivindica seu poder como autor da própria história. Dê um passo à frente com confiança. O futuro que você projeta aguarda o toque da sua mente. Mas o que acontece dentro de nós quando os pensamentos em nossa mente tocam o corpo sob a pele? Isso molda como nos sentimos, como nos curamos e como vivemos cada dia.

Quando as pessoas falam em conexão mente-corpo, referem-se à maneira como nossos pensamentos, sentimentos e crenças podem alterar o funcionamento do nosso corpo. Às vezes, essas mudanças são pequenas e silenciosas. Outras vezes, elas são fortes e claras. Um exemplo poderoso é o efeito placebo. Imagine tomar um comprimido de açúcar, mas acreditar que é um remédio de verdade. Muitas vezes, o corpo reage como se estivesse curado. A dor diminui. O inchaço diminui. Os níveis hormonais se ajustam. Isso acontece porque a mente confia no tratamento. Essa confiança envia sinais que o corpo entende e aos quais ele reage. Mudanças reais se seguem, provocadas apenas pela crença.

Este é apenas um lado da história. Existe um campo de estudo chamado psiconeuroimunologia. Ele estuda como o estado da nossa mente afeta o sistema imunológico. O estresse o desgasta e nos deixa vulneráveis a doenças. O medo e a ansiedade apertam o peito e drenam a energia. Mas o oposto também é verdadeiro. A calma, o riso e a meditação podem elevar nossas defesas imunológicas, ajudar na recuperação e nos encher de vida novamente. Nossos sentimentos fazem mais do que apenas colorir nossa experiência. Eles alcançam até mesmo as células que nos mantêm vivos.

Como os sentimentos se transformam em mudanças físicas? A resposta está nas mensagens do cérebro. O estresse dispara alarmes internos. Hormônios, como o cortisol e a adrenalina, inundam o sistema, preparando-o para lutar ou fugir. O coração acelera. A respiração fica mais rápida. O corpo concentra menos esforços na digestão ou na reparação. Se esse estado dura muito tempo, a saúde é prejudicada. Podem surgir hipertensão, problemas de açúcar e inflamação.

No entanto, nem todos os sentimentos causam problemas. O amor, a gentileza e a gratidão fazem com que o corpo libere substâncias químicas, como oxitocina, serotonina e dopamina. Elas proporcionam calma e felicidade. Essas substâncias ajudam na reparação, reduzem a inflamação e protegem o coração. Sentir-se próximo de outras pessoas ou de algo maior que nós mesmos cria um ciclo virtuoso. O bem-estar mental constrói a saúde física e a saúde física eleva o bem-estar mental.

Essa conexão aparece em momentos cotidianos, como na prática de esportes. Atletas que acreditam em seu sucesso costumam ter um desempenho melhor do que aqueles que duvidam de si mesmos. Imaginar a vitória constrói caminhos cerebrais que preparam o corpo para agir com habilidade e fluidez. Isso é verdade não só para os atletas.

# Capítulo 5: O Papel da Percepção

Seja você falando diante de uma multidão, pintando ou trabalhando em um projeto, sua imagem mental do sucesso coloca o seu corpo no caminho para torná-lo realidade. E ainda há mais. A influência da mente sobre o corpo pode ajudar a superar desafios sérios. Um exemplo é o caso de Norman Cousins na década de 1960. Ele enfrentou uma doença autoimune grave, com um prognóstico médico desfavorável. Em vez de desistir, Cousins buscou humor e esperança. Ria de comédias, enchia seus dias de alegria e tomava vitamina C. Com o tempo, sua saúde melhorou, e a doença quase desapareceu. Sua história nos mostra como a esperança e a determinação podem desencadear uma cura que vai além do que os médicos esperavam.

Estudos do governo revelam coisas ainda mais estranhas. Algumas pessoas aprenderam a sentir lugares distantes sem sair de seus quartos. Outras conseguiram controlar partes do corpo consideradas automáticas, como os batimentos cardíacos. Essas histórias sugerem que a fronteira entre a mente e o corpo é mais flexível do que se imagina.

Para compreender isso, precisamos de uma nova maneira de enxergar a saúde. Em vez de separar a mente do corpo, é mais claro vê-los como um todo. Muitas tradições de cura compreendem muito bem esse conceito. Yoga, tai chi e qigong combinam movimento, respiração e atenção. Essas práticas trazem equilíbrio e tranquilidade. Terapias como o tratamento cognitivo-comportamental e a cura somática atuam sobre a mente e o corpo. Elas tratam a pessoa como um todo, não de forma fragmentada. Quando o cuidado inclui a pessoa como um todo, a cura tende a ser mais forte e duradoura.

Conforme a ciência e a compreensão avançam, fica claro que a conexão mente-corpo não é apenas privada. Ela molda o crescimento de toda a humanidade. Não somos meros passageiros na vida. Cada pensamento e sentimento emite ondas que se espalham pelo mundo, moldando a realidade de maneiras pequenas, mas reais. Saber disso nos ajuda a promover mudanças deliberadas. Podemos construir corpos mais fortes, nos recuperar de doenças e alcançar novos níveis quando respeitamos a forma como a mente e o corpo se unem.

Em termos práticos, cuidar dessa conexão significa nutrir a mente e o corpo dia após dia. Uma boa alimentação, exercícios físicos e descanso mantêm o corpo pronto para o que vier. Ler, criar e aprender alimentam a mente e o espírito. A meditação e a atenção plena unem essas partes, trazendo calma e foco. Essa combinação cria um ciclo positivo, no qual cada parte eleva as outras.

No fundo, essa conexão nos convida a pensar de forma diferente sobre quem somos. Não somos apenas uma mente presa a um corpo ou um corpo controlado pelo pensamento. Somos seres completos, profundamente conectados a nós mesmos e ao mundo ao nosso redor. Reconhecer isso abre um caminho para a cura e o crescimento. Usar a mente para moldar o corpo liberta uma vasta força interior, que está à espera de ser reivindicada. Isso leva a uma vida cheia de propósito.

Ao aprender a trabalhar com a conexão mente-corpo, você se aproxima de guiar sua vida como deseja. No entanto, a percepção é a maneira como damos sentido ao mundo ao nosso redor. Ela colore cada visão, som, toque e pensamento, moldando nossa experiência a cada momento. Às vezes, ela parece um amigo fiel, guiando-nos pelo labirinto da vida. Outras vezes, ela nos engana, escondendo a verdade por trás das sombras do mal-entendido. Se quisermos entender como nossas mentes moldam o que chamamos de realidade, precisamos observar atentamente esse processo. Somente assim podemos compreender o quão delicada e pessoal é a nossa versão do mundo e o quanto ela pode mudar quando a observamos conscientemente.

Em sua essência, a percepção é a forma como o cérebro organiza as informações brutas dos sentidos em algo significativo. A cada segundo, uma avalanche de sinais — cores, sons, cheiros, texturas — nos invade. No entanto, não experimentamos esses sinais brutos diretamente. Nosso cérebro age como um editor, juntando fragmentos para contar uma história que faça sentido. Essa história depende de circuitos cerebrais programados e das lições aprendidas ao longo do tempo.

O resultado parece suave e normal. Mas eis uma pergunta: e se essa história suave deixar de fora partes do quebra-cabeça? E se o ato de ver e ouvir distorcesse o que realmente existe? Será que camadas de hábitos e preconceitos nos cegam para aspectos da vida que vão além de nossas visões habituais? Encontramos pistas para essa ideia em exemplos nos quais nossos sentidos falham. Pense nos tipos de truques visuais que confundem nossos olhos. Pegue duas linhas que são realmente iguais em comprimento, mas que parecem muito diferentes por causa de pequenas setas em suas extremidades. Mesmo cientes de que não é verdade, nossos olhos teimosamente se apegam à ilusão. Ou ouça um padrão sonoro que parece subir infinitamente, girando em um loop sem nota máxima. Não se trata apenas de truques. Eles revelam algo profundo: nossos sentidos não apenas registram a realidade. Eles a constroem, dependendo muito do que esperamos e aprendemos. Eles preenchem lacunas, fazem suposições e, às vezes, nos levam ao erro.

Essa maneira como nossa percepção constrói a realidade tem efeitos reais em nossa vida. Considere como as pessoas muitas vezes procuram apenas evidências que confirmem suas crenças. Se você acha que tem azar, concentra-se nos contratempos e não percebe os momentos de sorte. Essa visão seletiva se alimenta, prendendo você dentro de uma história moldada por sua crença.

# Capítulo 6: Transformando a Realidade por Meio da Percepção

Para sair da armadilha da percepção, primeiro precisamos perceber nossos pontos cegos e questioná-los ativamente. No entanto, o que vemos e ouvimos não é apenas fruto de nossa mente. A cultura, a família e a sociedade também desempenham um papel importante. Desde cedo, regras não escritas nos ensinam o que é bom, bonito ou valioso. Essas correntes invisíveis orientam nossas expectativas e julgamentos. Uma sociedade que valoriza a riqueza muitas vezes associa a felicidade ao dinheiro. Em contrapartida, outras culturas podem encontrar satisfação na comunidade e nas conexões. Perceber essas forças nos ajuda a entender que a percepção flui através de nós e ao nosso redor, ecoando histórias maiores pelas quais vivemos.

A qualidade fluida de como percebemos o mundo é complicada. Como ela pode distorcer a realidade, nossa compreensão se torna frágil. Não podemos confiar totalmente em nossos sentidos para obter uma imagem clara e completa. Porém, essa mesma flexibilidade oferece um caminho a ser seguido. Se o que experimentamos depende de como vemos, mudar a forma como enxergamos abre portas para novas possibilidades. Essa ideia está na base de muitas práticas espirituais e mentais. A atenção plena, por exemplo, nos ensina a observar sem nos apressarmos em julgar ou rotular. Ela ajuda a afrouxar padrões repetitivos de pensamento e traz uma nova consciência. Com a prática, começamos a perceber pequenos detalhes que antes passavam despercebidos e nos sentimos mais conectados ao que está acontecendo no momento.

Outra abordagem é a visualização. Nosso cérebro não consegue distinguir completamente uma cena imaginada vívida de um evento real. Ao se imaginar tendo sucesso ou superando um desafio, sua mente começa a tratar isso como se estivesse acontecendo de fato. Isso prepara todo o seu sistema para agir, alinhando sentimentos e escolhas ao seu objetivo. Muitos profissionais utilizam essa técnica regularmente para se prepararem para grandes momentos. Isso não é apenas suposição. Estudos e experiências mostram como o foco e a imaginação têm um poder surpreendente para moldar resultados.

É importante lembrar que a percepção também faz parte do coletivo. As pessoas se influenciam mutuamente, de modo que crenças e emoções se espalham rapidamente. Às vezes, isso cria pânico, confusão ou danos. Em outros momentos, porém, esperanças compartilhadas e amizades podem desencadear movimentos que mudam grandes coisas no mundo. Entender como a percepção pessoal e compartilhada se entrelaçam nos ajuda a assumir a responsabilidade e direcionar essa força para fins positivos.

A física quântica oferece uma perspectiva fascinante nesse sentido. Ela nos mostra que partículas minúsculas existem em vários estados simultaneamente, até serem observadas. O experimento mental de Schrödinger com o gato — que está vivo e morto até ser observado — reflete como a própria observação influencia o que se torna real. Da mesma forma, nossa atenção molda quais partes do mundo se destacam para nós. Não estamos apenas observando um universo fixo se desenrolar. Estamos participando de sua formação. Isso significa que cada momento e cada escolha sobre onde focar têm peso.

Em termos práticos, isso nos convida a cultivar clareza e abertura na forma como vemos as coisas. É preciso encarar a incerteza não com medo, mas como uma oportunidade de exploração. Ver a percepção como uma ferramenta que moldamos, e não como uma lente que simplesmente mostra, nos permite tornar a vida mais rica e plena.

Ao longo dessa jornada, você terá momentos em que as coisas farão sentido: um lembrete de que nem sempre enxergamos a realidade como ela é; um vislumbre de como pequenas mudanças podem transformar tudo; uma consciência silenciosa de que a realidade é tecida por inúmeros fios de pensamentos, sentimentos e intenções. Esses momentos nos ensinam que somos os construtores e residentes dos mundos em que habitamos. O poder de redesenhá-los é nosso sempre que quisermos.

Agora, ao se deparar com esta porta, saiba que seus sentidos são mais do que canais de informação. Eles são instrumentos de criação, moldando a forma da sua realidade a cada respiração. Aprender a enxergar com novos olhos o aproxima do vasto potencial interior. Isso o ajudará a construir uma vida sintonizada com sua visão mais verdadeira. No entanto, para entender de fato como nossas mentes podem modificar a realidade, precisamos olhar para algo inesperado. Não se trata de simples causa e efeito ou lógica cotidiana. Trata-se de um mundo além do que vemos, um mundo em que as coisas não se comportam como esperamos. Esse mundo é explorado pela física quântica.

À primeira vista, é fácil pensar que regras estranhas sobre partículas minúsculas não têm nada a ver com a forma como pensamos ou vivemos. No entanto, essas coisas minúsculas nos contam uma história sobre a vida e a mente que é mais profunda do que imaginávamos. A física quântica surgiu quando os cientistas perceberam que as formas antigas de pensar não explicavam suas descobertas. As regras clássicas, como as leis de Newton, funcionam muito bem para objetos grandes, como planetas, carros e rochas. Porém, nas escalas mais minúsculas — como a dos elétrons, fótons e quarks —, as regras mudam. Uma das ideias mais surpreendentes é que essas partículas não têm um estado fixo antes de olharmos para elas.

# Capítulo 7: Física Quântica e Realidade

O efeito observador significa que não estamos apenas assistindo à vida acontecer; nossa consciência desempenha um papel em sua construção. Isso não significa que temos poderes mágicos sobre o universo. Significa apenas que observador e observado estão ligados. A realidade não é algo que simplesmente "existe" lá fora, esperando por nós. Ela se transforma à medida que interagimos com ela.

A CIA testou essa ideia com experimentos de visão remota. Pessoas descreveram lugares e eventos distantes sem usar os sentidos convencionais. Os céticos afirmaram que se tratava de sorte ou de um truque, mas, quando esses resultados se repetiram ao longo de décadas, a história mudou.

Talvez essas pessoas tenham acessado uma conexão oculta — a mesma vasta corrente subjacente que a física quântica sugere existir e que liga tudo. Einstein chamou isso de "ação assustadora à distância". Partículas, não importa quão distantes estejam, podem afetar umas às outras instantaneamente. Se isso acontece lá fora, por que não dentro de nossas mentes? Por muito tempo, pensamos na mente e na materialidade como coisas separadas. Descartes, um famoso filósofo, afirmou que a mente e o corpo são coisas distintas. A física quântica, no entanto, confunde essa linha. Ela sugere que a mente e a materialidade estão entrelaçadas de maneiras que ainda não compreendemos totalmente. O experimento da dupla fenda deixa isso claro. Partículas disparadas em duas aberturas se comportam como ondas quando não são observadas. Elas passam pelas duas aberturas, criando padrões de interferência. No entanto, quando observadas, elas se comportam como partículas únicas, seguindo uma direção ou outra. Essa mudança de onda para partícula mostra que a observação tem um efeito real sobre o que acontece.

Então, o que isso pode significar para a vida cotidiana? Como toda essa ciência estranha pode nos ajudar a mudar nosso mundo pessoal? O segredo é entender como nossas vidas se assemelham a essas curiosidades quânticas. Existimos em muitas possibilidades antes de "escolhermos" uma. Nossos pensamentos, sentimentos e decisões agem como observações, moldando a possibilidade que se tornará real. Quando percebemos isso, começamos a dirigir nossa vida, em vez de nos deixar levar.

Imagine-se tendo sucesso, sentindo-se completo ou alcançando um objetivo. Sua mente começará a agir como se essa imagem já fosse verdade. Isso faz com que o cérebro e as emoções se alinhem à visão, tornando-a mais provável de se tornar realidade. Em termos quânticos, você está colapsando a nuvem de possibilidades, fazendo com que ela corresponda à sua intenção. Atletas, artistas e empreendedores fazem isso o tempo todo. A linha entre imaginar e fazer não é fixa.

Outra ideia da física quântica ajuda a explicar como grupos podem promover grandes mudanças. O entrelaçamento une partículas a qualquer distância. Elas espelham instantaneamente os estados umas das outras. Alguns pensadores acreditam que nossas mentes também podem se conectar dessa maneira, principalmente quando as pessoas se concentram em um objetivo em comum, como paz, cura e crescimento. Estudos mostram que grupos grandes e focados podem influenciar coisas como taxas de criminalidade, o meio ambiente e o humor da sociedade. Sejam grupos de oração, círculos de meditação ou movimentos sociais, o instinto de união da humanidade não é apenas um pensamento otimista. A ciência quântica oferece uma base para ele: a intenção coletiva cria ondas de energia que vão muito além dos indivíduos.

Aceitar essa forma de ver o mundo significa abandonar ideias antigas, como a de que a causa sempre vem antes do efeito. Em termos quânticos, causa e efeito estão interligados, não seguindo uma linha reta. Isso abala a ideia de que a vida é fixa e previsível. A vida é uma dança de acaso e escolha, uma cocriação.

Não somos meros passageiros em um caminho traçado, mas agentes ativos que moldam o que está por vir, tanto em nós mesmos quanto no mundo. Isso também tem um peso ético. Se nossos pensamentos se espalham e afetam outras pessoas, tender a estados positivos se torna mais do que autocuidado. É uma responsabilidade compartilhada. Gratidão, gentileza e perdão não são apenas ideias bonitas. Elas se transformam em forças poderosas que curam divisões e constroem pontes. Compreensão e empatia nos aproximam. O que cultivamos dentro de nós tem um impacto que vai muito além de nossas próprias vidas.

A linguagem da física quântica pode parecer fria e difícil. Equações e jargões podem parecer distantes. A incerteza, em sua essência, pode ser inquietante. No entanto, essa abertura também é um presente. Abandonar a necessidade de certeza abre portas para novas ideias, surpresas e crescimento. O mundo quântico está repleto de potencial a ser descoberto. Aceitar que não se sabe de tudo permite que a criatividade flua.

Em sua essência, a física quântica nos convida a enxergar a mente, a materialidade e o significado como um todo. A realidade não é uma imagem estática. Ela se move, muda e responde a nós. Ao entrarmos nesse fluxo com atenção e intenção, ajudamos a moldar o futuro que desejamos. Ao trabalharmos no crescimento pessoal, na cura global ou na profundidade espiritual, essas ideias nos guiam para lembrarmos que a mudança começa dentro de nós e se espalha para fora.

Você faz parte de todo o universo e nunca está separado dele. Seus pensamentos e sentimentos enviam ondas pelo campo quântico oculto. Dominar essa dança significa assumir seu papel de criador. Você molda o seu mundo a cada momento. Então, pare e sinta o poder que você tem. Sua mente não é apenas uma testemunha, mas uma criadora da realidade. Abrace essa dança entre o que é possível e o que é real.

# Capítulo 8: O Poder da Intenção

A intenção é como uma corrente silenciosa que dirige cada movimento que fazemos. Você normalmente não a vê, mas ela está sempre presente, nos bastidores, moldando o que se desenrola em sua vida. Pense nela como o motor que impulsiona a sua realidade, puxando os cordões de maneiras que a sua mente nem sempre consegue perceber. Enquanto os sentidos informam o que está acontecendo ao redor e a atividade cerebral opera sob os pensamentos, a intenção é a força que direciona esses sinais a um alvo. Para aprender a trabalhar com a própria mente e mudar o que acontece, é preciso entender como a intenção realmente funciona, o que ela faz dentro e fora de você, e como torná-la forte o suficiente para promover grandes mudanças. Essa é a jornada que faremos aqui: olhar para a intenção como a base da qual brotam todos os resultados e o autodomínio.

A intenção vai além de apenas querer algo ou elaborar uma lista de desejos. Ela não é um devaneio passageiro ou uma esperança efêmera. A intenção é uma decisão clara de trazer algo de fato para o seu mundo. Ao definir uma intenção, você não está lançando dados para um "talvez"; você está se levantando e dizendo: "Isso vai acontecer". Há uma grande diferença nisso. A esperança sem coragem e sem ação fica presa na sua cabeça. A intenção conectada à sua vontade impulsiona a ação. É como a diferença entre dizer "quero entrar em forma" e "vou me alimentar bem, malhar todos os dias e dormir o suficiente". A primeira opção deixa espaço para deslizes. A outra traça um mapa e começa a caminhar. A intenção é o que você usa para ir de onde está para onde quer estar.

Até mesmo estudos sérios mostram a importância da intenção. Veja, por exemplo, o trabalho da CIA com visão remota. As pessoas não alcançaram o sucesso por sorte ou por alguma habilidade psíquica secreta. Elas obtiveram resultados porque concentraram sua atenção e sabiam exatamente o que estavam procurando. Isso acontece sempre que a concentração é realmente importante: ao começar um negócio, fazer arte ou construir relacionamentos sólidos. A clareza e a intensidade da sua intenção podem fazer a diferença entre um avanço e um impasse. Aprimore esse foco e você atrairá mais facilmente o que deseja.

Mas como algo tão invisível quanto a intenção pode se transformar em mudança real? Tudo começa dentro de você, com um pensamento. Imagine-o como uma semente plantada no solo da sua mente. Por si só, essa semente não é grande coisa. Ela precisa de emoção, o combustível que a desperta e lhe dá impulso. Digamos que você queira escrever um livro. Se a ideia o anima e você se sente motivado e determinado, essa carga emocional impulsiona sua mente a providenciar o que é necessário: tempo, ideias e disciplina. Porém, se a dúvida ou o tédio tomarem conta, seus planos ficam parados ou desaparecem. Manter sua intenção alimentada por sentimentos positivos é o que faz com que essa energia permaneça em movimento.

Quando a intenção recebe esse tipo de apoio, ela flui da mente para as ações. A ação é a única ponte entre o que você imagina e o que aparece em seu mundo. Sem ela, até mesmo a vontade mais forte fica estagnada. O interessante é que a ação apoiada por uma intenção clara tem um ritmo diferente: as coisas se encaixam quase sem esforço. Por quê? Porque sua mente consciente e sua mente subconsciente começam a trabalhar juntas. Quando sua intenção está clara e carregada de sentimentos, o subconsciente organiza pessoas, momentos e opções a seu favor. Barreiras caem e caminhos se abrem. É como se o universo estivesse se alinhando para ajudar. Os cientistas chamam isso de entrelaçamento quântico: a intenção focada forma padrões de energia que atraem resultados correspondentes para a sua vida.

Imaginar o objetivo sendo alcançado é outra ação poderosa. A visualização influencia a maneira como o cérebro se prepara para o que está por vir. Ao imaginar o sucesso com todos os detalhes — o que você vê, ouve e até cheira —, sua mente começa a ensaiar o evento. Isso faz com que seu cérebro se conecte como se você já estivesse lá. Atletas fazem isso o tempo todo, correndo mentalmente antes de entrarem na pista. Esse processo é como assistir a um filme, transformando o potencial em experiência e tornando seu objetivo menos um sonho e mais uma certeza próxima.

Outro elemento importante é a coerência. É quando seus pensamentos, sentimentos e ações se alinham, todos puxando na mesma direção. É a diferença entre faíscas dispersas e um feixe de luz constante. A coerência transforma sua energia de faíscas fracas em uma corrente forte. Imagine a diferença entre um laser e uma lanterna. Ambos brilham, mas apenas o laser pode cortar materiais resistentes. Tornar-se coerente significa eliminar os conflitos internos que minam o seu poder. Coisas como meditação ou escrever um diário ajudam a identificar contradições e superá-las. Quando todo o seu ser está em harmonia, você começa a atrair as pessoas certas e as oportunidades, como um ímã.

Ainda assim, a intenção não é mágica. Ela está sujeita a leis naturais e ao respeito. Tentar prejudicar os outros ou distorcer as coisas contra a vontade de alguém cria reações adversas. A intenção verdadeira vem da bondade e da honestidade, de enxergar como tudo se conecta. Quando seus objetivos estão alinhados a esses valores mais elevados, eles se conectam a um fluxo maior e se tornam mais fortes. Eles também lhe dão paciência quando as coisas ficam difíceis.

# Capítulo 9: Intenção, Meditação e Atenção Plena

Confiar que o processo se desenrolará como deveria se torna mais fácil quando se sabe que o desejo é claro e autêntico. Para trazer intenção à sua vida, comece com uma ideia clara. Seja específico sobre o que você quer. Não diga "quero felicidade" e deixe isso vago. Pergunte a si mesmo: "O que a felicidade realmente significa para mim?" Divida grandes objetivos em pequenos passos complementares. Em seguida, conecte sua intenção ao motivo pelo qual ela é importante para você. Relacione-a com o que você valoriza para que tenha significado a longo prazo. Por último, tome medidas consistentes. Mesmo pequenos esforços regulares se somam e fazem você avançar. Comemore cada vitória para que sua jornada continue encorajadora.

As ferramentas tecnológicas atuais também podem ajudar. Aplicativos que monitoram hábitos ou oferecem lembretes podem mantê-lo no caminho certo. Dispositivos que medem a frequência cardíaca ou as ondas cerebrais fornecem um retorno em tempo real sobre seu nível de concentração e calma. Ao combinar essas ferramentas com métodos clássicos, como visualização, respiração e tarefas criativas, você cria um kit de ferramentas pessoal. Ao experimentar diferentes maneiras, você descobre o que funciona melhor para você.

No final, a intenção supera limites e abre novas portas. Ao alinhar pensamentos, sentimentos e ações a um objetivo, você acessa um potencial oculto. Você assume o controle da sua vida e ajuda a conduzir sua história com firmeza. Você aprende a moldar o seu mundo não forçando-o, mas direcionando-o com o coração e a vontade. A intenção nos lembra de que a vida não é algo que simplesmente acontece conosco. Você escreve o roteiro, dirige as cenas e interpreta os papéis que o levam aos seus sonhos.

À medida que você se aprofunda no funcionamento da consciência, lembre-se de que sua intenção é uma luz orientadora. Ela influencia todas as suas escolhas e pontos de vista. Ela define o rumo da sua jornada. Tornar-se hábil no uso da intenção abre portas para oportunidades e compreensões que você poderia ignorar. A intenção é uma força que constrói a história da sua vida. Ao alinhar sua intenção com o que realmente deseja, você molda uma vida verdadeira, cheia de propósito e significado a cada passo.

A meditação e a atenção plena são chaves que abrem um poder mais profundo dentro de sua mente. São métodos antigos, transmitidos de geração em geração, mas que ainda parecem novos, pois encontram algo real em nós hoje. Elas nos ajudam a enxergar a vida com mais clareza, a permanecer firmes quando as coisas ficam difíceis e a mudar o que está dentro de nós, para que aquilo que nos importa possa crescer forte e se tornar real no mundo. Quando você aprende a ficar quieto e verdadeiramente presente, tudo muda. Os altos e baixos da vida não o abalam mais como antes. Em vez disso, você encontra uma calma no meio da tempestade, um lugar estável dentro de si, onde suas verdadeiras intenções podem se enraizar. A meditação é a porta de entrada para esse lugar. Ela pede que você volte sua atenção para dentro, suavizando a confusão de pensamentos e sentimentos que normalmente o empurram e puxam a cada momento. Não se trata de se esconder da vida ou fugir dos problemas. Muito pelo contrário: você os enfrenta de forma plena e honesta.

Sentado em silêncio, você observa os pensamentos e os sentimentos como nuvens se movendo em um céu aberto e vasto. Você não se agarra a eles, não os afasta nem se deixa levar por seu drama. Apenas os observa e os deixa passar. Esse ato simples contém uma magia silenciosa. Ao não se deixar levar pelas histórias que sua mente conta, o barulho selvagem diminui. A mente se acalma, e uma compreensão mais profunda começa a surgir. Esse espaço, essa clareza tranquila, é o terreno em que você pode plantar o que é mais importante.

A atenção plena aplica essa mesma percepção gentil a cada momento, independentemente do que você esteja fazendo. Ela não exige que você fique parado. É possível trazê-la para lavar a louça, caminhar por uma trilha ou conversar com um amigo. Ela o convida a estar totalmente presente e desperto para o sabor, o toque e o som da vida fluindo através de você. Ao passar de um dia em que age automaticamente para um dia em que presta atenção de verdade, as coisas simples ganham um novo significado. O cotidiano brilha com novas possibilidades e aprendizados.

A meditação e a atenção plena trabalham juntas. Uma acalma a mente, e a outra leva essa calma para o fluxo da vida. A ciência comprovou o que os antigos mestres sempre souberam. Essas práticas fazem mais do que acalmar os pensamentos. Elas também relaxam o corpo, reduzindo os níveis de estresse e de pressão arterial, ajudando a dormir melhor e fortalecendo o sistema imunológico. Isso acontece porque a meditação ativa a parte do sistema nervoso responsável pelo descanso, reparação e cura.

Exames cerebrais também mostram mudanças. Com a prática regular, as partes do cérebro responsáveis pela concentração, memória e regulação emocional ficam mais espessas e fortes. Ao mesmo tempo, as partes do cérebro que desencadeiam o medo e a ansiedade se acalmam. O cérebro é flexível, não imutável. Assim como os músculos ficam mais fortes com exercícios, a mente muda e cresce com a prática. Mesmo que seja um pouco, se feito de forma consistente, pode trazer melhorias duradouras para a saúde mental e emocional.

# Capítulo 10: A Porta para a Unidade

A meditação não se limita ao físico ou ao mental. Ela abre uma porta para a conexão — não apenas consigo mesmo, mas com tudo ao seu redor. Ao observar sem se apegar, você percebe que nada permanece igual para sempre. As ideias fixas que você tem sobre si mesmo começam a se suavizar e a se soltar. Essa suavização proporciona uma sensação de unidade, não apenas com outras pessoas, mas com a vida como um todo.

A ciência quântica também sugere isso. Ela nos mostra que estamos conectados de maneiras que vão além da nossa compreensão. Sentir-se parte dessa rede maior abre o coração para a bondade, a empatia e o respeito por todos os seres vivos. Esses sentimentos são sementes. Plante-as e você verá um mundo melhor começar a crescer, enraizado na harmonia e no cuidado. Você não precisa complicar a meditação nem a atenção plena. Comece aos poucos. Cinco minutos por dia são suficientes.

Encontre um lugar tranquilo. Sente-se confortavelmente, mantendo as costas retas, porém relaxadas. Feche os olhos, se quiser, ou deixe-os levemente abertos. Traga gentilmente sua atenção para a respiração, para o ritmo do ar entrando e saindo. Sua mente irá divagar. Isso sempre acontecerá. Quando isso acontecer, basta trazê-la de volta gentilmente para a respiração, sem julgamentos nem frustração. Com o tempo, prolongue esses momentos. Experimente diferentes maneiras — meditações guiadas, práticas de gentileza — até encontrar o que funciona para você. Não existe um caminho perfeito. O importante é retornar com abertura e simplicidade.

A atenção plena também se desenvolve com paciência. Traga sua atenção para as tarefas diárias. Observe o sabor da sua comida. Sinta o peso dos seus passos. Sinta a brisa na pele. Faça uma pausa algumas vezes durante o dia e se pergunte: o que estou sentindo? O que está acontecendo dentro de mim? Esses pequenos momentos o mantêm conectado ao aqui e agora. Eles fazem com que seus pensamentos permaneçam presentes, em vez de se perderem em preocupações ou distrações.

A tecnologia pode ajudar nessa jornada. Aplicativos e podcasts oferecem orientação tanto para iniciantes quanto para praticantes experientes. No entanto, lembre-se de que essas são apenas ferramentas, não um substituto para a sua própria experiência direta. Fazer parte de uma comunidade também é importante. Grupos e retiros o conectam a outras pessoas que trilham o mesmo caminho. Compartilhar esses momentos traz inspiração e apoio. A natureza também o convida. Sentar-se sob o céu aberto ou meditar ao ar livre pode aprofundar seu senso de pertencimento ao mundo vivo.

A meditação e a atenção plena também iluminam partes suas que você normalmente esconde. Medos antigos, dúvidas e desejos que correm silenciosamente em segundo plano vêm à tona. Enfrentá-los pode parecer difícil no início. Mas também é libertador. Com uma consciência gentil, é possível soltar as histórias que o mantêm preso. Assim, você cria espaço para novas histórias, mais fortes e que servem melhor a você.

A visualização ajuda nesse processo. Imagine-se envolto em uma luz curativa, acolhendo paz e coragem em seu íntimo. Veja seu eu superior dando um passo à frente: sábio, gentil e forte. Deixe essa imagem preenchê-lo enquanto respira. Isso transforma seus sonhos e esperanças em algo real dentro de você.

Essa maneira de imaginar conecta as imagens de sua mente ao mundo que você deseja criar. Imagine um objetivo — saúde, relacionamentos amorosos, sucesso — como se já fosse realidade. Isso desperta partes do seu cérebro que percebem o que é importante. Você passa a enxergar oportunidades e a encontrar apoio que talvez não tenha percebido antes. É como plantar um ímã que atrai coisas boas para as suas intenções.

Quando as pessoas se unem em atenção compartilhada, os efeitos se espalham. A meditação em grupo cria um fluxo de energia capaz de tocar comunidades e até mesmo o mundo. Estudos mostram que a criminalidade diminui, o meio ambiente melhora e as atitudes mudam durante grandes encontros focados na meditação. Esse poder da presença coletiva é conhecido há muito tempo. Agora, a ciência nos mostra que ele é real. Quando corações e mentes se unem, a energia flui muito além do momento e do local. Ela alcança lugares e pessoas que talvez nunca veremos.

Essas práticas nos convidam a ver a nós mesmos e à vida de uma nova maneira. Elas nos convidam a sair do sentimento de divisão, aprisionamento ou pequenez e a entrar em uma visão mais ampla, na qual tudo vive e se conecta. A realidade não é algo externo que acontece sem que tenhamos voz. Ela é moldada o tempo todo pelos nossos pensamentos e pelas nossas escolhas. Ao aprendermos a ouvir nosso interior e a dar espaço para o que surge, ganhamos o poder de direcionar nossas vidas com significado. Assim, a mente deixa de ser um passageiro transportado e passa a ser o motorista que nos conduz a uma vida mais rica e plena.

# Capítulo 11: Técnicas de Visualização

A visualização é mais do que um simples truque que a mente usa para passar o tempo. É um processo vivo e pulsante. Quando você se concentra de verdade, é como se estendesse a mão de dentro de si mesmo e moldasse seus desejos para o mundo ao seu redor. Essa clareza em sua visão, misturada a sentimentos reais, alinha seus pensamentos, ações e emoções a um único ritmo — um ritmo que corresponde ao que você deseja realizar. Você não está exigindo que o mundo mude sob seu comando. Ao contrário, você está convidando seu eu interior a se mover junto com o que é possível. É uma dança, uma parceria com a própria vida, na qual você cocria sua própria história.

Imagine a visualização como se fosse pintar uma cena, mas com mais do que apenas cores. Você está criando uma imagem em sua mente, um instantâneo que parece real e vivo. Essas imagens não são apenas pensamentos bonitos; elas carregam instruções profundas em seu subconsciente, alinhando sua força interior e influenciando silenciosamente o que acontece ao seu redor. Isso é semelhante ao que a física quântica sugere: concentrar-se em um resultado o retira de uma nuvem de possibilidades infinitas. Sua mente se concentra. E esse foco constrói caminhos neurais no cérebro, fazendo com que o corpo e o comportamento apoiem essa visão. Você pode usar esse processo para qualquer coisa: sonhos sobre sua vida, trabalho ou projetos criativos.

Não se limite a ver a imagem. Ouça os sons. Sinta as texturas sob as pontas dos dedos. Cheire e prove, se puder. Coloque todos os seus sentidos no momento. É assim que as emoções ganham vida. A emoção é o combustível que alimenta todo o processo.

Ela aumenta a confiança e o leva a superar as dúvidas. Se você está se preparando para fazer um discurso, por exemplo, imagine-se em pé, com postura ereta e calma. Sinta a luz no seu rosto. Ouça os aplausos aumentando. Sinta o orgulho crescendo dentro do peito. Essa experiência com todo o corpo e toda a mente diz ao seu eu mais profundo que o que você vê é possível. Ela desperta a parte de você que está pronta para tornar isso realidade. Comece de forma simples. Encontre um canto tranquilo. Acomode-se. Feche os olhos e respire fundo. Imagine seu objetivo tão claramente quanto uma fotografia. Veja o momento em que você vence, quando o sucesso estará em suas mãos. Em seguida, retroceda no tempo para ver como você chegou lá. Quais escolhas iluminaram o caminho? Quais hábitos o mantiveram firme? Quem apareceu como aliado? Digamos que seu objetivo seja a liberdade financeira. Imagine-se assinando contratos, recebendo pagamentos e comemorando vitórias. Traçar o caminho de volta constrói um mapa completo, não apenas a linha de chegada, mas cada passo que o levará até lá.

Afirmações ajudam a aprofundar essa conexão. Mantenha sua visão e repita baixinho palavras que criam crenças. "Eu sou capaz." "As oportunidades me encontram." "Eu confio no caminho." Essas frases funcionam como âncoras, estabilizando o foco e enchendo a mente de esperança. Com o tempo, repeti-las molda seus hábitos e alinha suas ações com seus objetivos.

A visualização guiada pode levá-lo ainda mais longe. Um professor, um coach ou uma gravação podem levá-lo a uma jornada interior. Eles podem guiá-lo por uma floresta que representa as profundezas da sua mente. Enfrente barreiras que simbolizam medos. Chegue a uma clareira, que parece um avanço. Essas narrativas moldam sua imaginação e abrem portas, mesmo que você seja iniciante. Elas despertam a criatividade e ajudam a encontrar um significado que se encaixa em sua vida.

A tecnologia se torna uma ferramenta útil nesse processo. A realidade virtual pode mergulhá-lo em cenas vívidas que parecem e dão a sensação de que seus objetivos estão em ação. Combine isso com uma visualização simples e você terá um conjunto de ferramentas poderoso o suficiente para moldar sua experiência. No entanto, lembre-se de que a visualização não é uma mágica que substitui o esforço. Ela dá a partida, mas você ainda precisa dirigir. Seu trabalho é importante. Quando pensamentos, sentimentos e escolhas se alinham, tudo muda. Seguir em frente se torna mais fácil. Portas se abrem. Os desafios parecem menores. Oportunidades surgem.

O que alguns chamam de sincronicidade são apenas sinais de que você está sintonizado. Você se torna um ímã para o que deseja, atraindo-o para mais perto. Portanto, combine sempre o foco mental com passos firmes. Considere a história de Jim Carrey. Antes de ficar famoso, ele levava uma vida difícil. Ele e sua família dormiam em uma van. No entanto, ele se agarrou a uma visão ousada de seu futuro. Certa noite, escreveu um cheque falso de 10 milhões de dólares, datado para o Dia de Ação de Graças de 1995. Ele o guardou na carteira. Ele se imaginava descontando aquele cheque repetidas vezes, sentindo a alegria e a confiança do sucesso. Anos mais tarde, ele recebeu um pagamento exatamente igual a esse por um papel em um filme. Sua história mostra como a visualização, combinada com a persistência, pode superar os maiores obstáculos.

Tornar a visualização um hábito requer disciplina. Comece cada dia com uma breve sessão para definir seu caminho. Aproveite pequenos momentos durante o dia — no caminho para o trabalho, na fila de espera, cozinhando — para revisitar sua visão. Mantenha imagens ou frases que lembrem seu sonho em locais onde você as veja com frequência. Escrever em um diário aprofunda o processo. Ele registra insights e acompanha o progresso, mantendo viva sua motivação. Em sua essência, a visualização ensina que a realidade se curva e muda. O que chamamos de realidade é moldado mais pelas histórias que contamos a nós mesmos do que por qualquer coisa externa.

# Capítulo 12: Afirmações e Pensamento positivo

Imagine que você está escrevendo uma carta do futuro para o seu eu do passado. Nela, conte a jornada da sua vida e todas as conquistas que alcançou, incluindo todos os seus sonhos e desejos, como se eles já tivessem se tornado realidade. Esse exercício pode ampliar sua perspectiva e ajudá-lo a visualizar as possibilidades futuras. Ao aprender a contar sua história com cuidado e propósito, novas oportunidades aparecerão. Você passa de passageiro a diretor, roteirista e ator na peça da sua vida. À medida que vê a mudança acontecer, constrói confiança em seu poder, não através da força, mas da vontade focada e honesta. Você se torna um artesão, moldando sua vida com intenção.

Sua mente é uma tela em branco. A visualização é o pincel que molda o que está por vir. Ela orienta suas escolhas e colore a maneira como você se vê e enxerga o mundo. Ao dominar essa habilidade, você abrirá portas que nem sabia que existiam. Você carrega um dom: o poder de influenciar a própria realidade. Sua mente não apenas reproduz a história da sua vida. Ela a escreve. Alinhe sua imaginação com o que você realmente deseja e assuma o controle da sua existência, criando uma vida rica em significado e cheia de possibilidades.

Afirmações e pensamentos positivos são ferramentas simples, porém de grande impacto. Alguns os consideram básicos demais, talvez até fantasiosos. No entanto, essas práticas fazem algo especial dentro de nós. Elas falam diretamente com o subconsciente. Essa parte de nós funciona com base em hábitos e crenças ocultas, guiando nossa percepção e nossas reações, mesmo quando pensamos que estamos no controle. Ao usarmos afirmações com sentimento e mantivermos uma mente otimista, começamos a mudar essas histórias ocultas. Medos e dúvidas antigos perdem a força. Há espaço para novas ideias e rumos. A vida começa a parecer menos uma batalha difícil e mais um caminho que ajudamos a moldar.

Vamos analisar o que é uma afirmação. No fundo, é uma frase simples dita no tempo presente que carrega uma verdade esperançosa ou poderosa sobre quem você é ou o que deseja. É como plantar uma semente em sua mente: ela cresce quando nutrida com atenção. Repetir "eu sou confiante" ou "eu confio na minha própria sabedoria" reestrutura o cérebro pouco a pouco. Isso não é conversa fiada. Os cientistas chamam isso de neuroplasticidade, a capacidade do cérebro de se reorganizar de acordo com o que focamos. Ao repetir afirmações, você fortalece os caminhos mentais associados a essas ideias. Com o tempo, essa reestruturação muda a maneira como você vê o mundo e reage a ele quando enfrenta desafios.

Porém, as palavras, por si só, não têm poder se não se conectarem verdadeiramente com os sentimentos. Apenas repetir os movimentos, dizer as palavras mecanicamente, não será profundo o suficiente para fazer a diferença. A mágica acontece quando você acredita na afirmação e sente que ela é verdadeira agora, não algum dia no futuro. Imagine como seria viver essa verdade. Digamos que a sua afirmação seja "Eu sou digno de amor e respeito". Imagine-se cercado de gentileza e calor, rodeado de pessoas que o enxergam e honram. Essa imagem mental ajuda a semente a criar raízes mais rapidamente em seu subconsciente.

O pensamento positivo não funciona apenas em pontos específicos, como as afirmações. Ele molda a sua maneira geral de responder aos altos e baixos da vida. Se você tem o hábito do pensamento positivo, os contratempos não se tornam becos sem saída. Eles se transformam em oportunidades de aprendizado e crescimento. Estudos científicos demonstraram que as pessoas inclinadas ao otimismo tendem a se recuperar mais rapidamente e a encontrar soluções melhores. Elas não congelam sob pressão. Em vez disso, elas se adaptam e usam os golpes duros como pistas para um caminho mais brilhante. Essa mentalidade contínua muda profundamente a história que contamos a nós mesmos.

Aqui está uma perspectiva que pode parecer nova, mas que está alinhada a muitas tradições e ideias recentes: nossos pensamentos e sentimentos emitem vibrações. Pense nisso como sua assinatura energética pessoal. Quando sentimos medo ou raiva, essas vibrações baixas atraem mais momentos difíceis e bloqueios invisíveis. O amor, a gratidão e a esperança, por outro lado, giram em uma frequência mais alta. Elas atraem momentos mais fáceis e felizes, como um ímã atrai metal. Escolher pensamentos inspiradores aumenta sua energia interna e externa. As afirmações positivas agem como âncoras nesse fluxo. Elas ajudam a estabilizar essa vibração mais alta, mantendo você sintonizado com o que realmente deseja atrair para a sua vida.

Começar com afirmações significa dizer palavras que pareçam certas para onde você quer chegar, não ideias que você deseja que aconteçam algum dia. Fale como se a mudança já tivesse acontecido. Em vez de "Quero ter sucesso", tente "Estou prosperando". Mantenha o foco no que você quer e evite transformar frases no que você não quer, como "Não tenho medo". Em vez disso, diga: "Sou corajoso e calmo". Anote isso. Coloque-as em locais onde você as veja com frequência, como no espelho do banheiro, no diário ou na tela de bloqueio do celular. Sempre que a dúvida surgir, sussurre ou pense nelas, para se lembrar de que uma história diferente é possível. Combine as afirmações com um momento de atenção plena para obter um impacto ainda maior. Dedique alguns minutos todos os dias para repeti-las em silêncio, após respirar profundamente ou meditar.

# Capítulo 13: Inteligência Emocional e Realidade

Pensar positivo não significa fingir que tudo é perfeito. A vida não é perfeita. É enxergar os problemas com clareza e optar por aprender com eles, em vez de se prender ou se afastar. As afirmações não devem ser promessas cegas nem forçá-lo a reprimir seus verdadeiros sentimentos. A tristeza, a dor e a preocupação também precisam de espaço. O segredo é equilibrá-las com afirmações de força interior e resistência. Essa abordagem equilibrada une a dor e a esperança em uma cura genuína. Ela evita que seu mundo interior se divida entre o que você quer e o que você sente.

Um exemplo inspirador é o de Louise Hay, cujo trabalho mostrou a milhões de pessoas o poder das palavras e da crença. Quando diagnosticada com câncer, ela não aceitou passivamente seu destino. Louise começou a fazer afirmações cheias de amor-próprio radical, imaginando a saúde fluindo por todas as suas células.

Sua condição melhorou de maneira surpreendente, incentivando outras pessoas a confiarem no poder da mente para a cura. Sua história nos lembra que os pensamentos têm peso. A fé tem o poder de mover o que parece imóvel.

As afirmações positivas nos convidam a enxergar as coisas de uma nova maneira. É uma mudança de se sentir preso pela vida para perceber que se pode guiá-la. Isso transforma o pensamento de escassez em uma vida de abundância. Mostra que o mundo ao nosso redor muda à medida que mudamos a forma como o vemos. Ao se sintonizar profundamente com suas palavras e pensamentos, você aprende a navegar em direção aos seus desejos mais verdadeiros. Isso não é mágica, mas um poder prático que todos nós temos e muitas vezes esquecemos.

Observe a força da sua própria voz. Você não é um ouvinte passivo dentro da sua cabeça. Você é um criador. Por meio de um diálogo interno ponderado, é possível reivindicar a vida que se deseja, rica em propósito e significado. Sua jornada é sua para escrever, uma palavra de cada vez. Compreender isso desenvolve a inteligência emocional. Isso não é apenas mais uma palavra da moda. Trata-se da habilidade silenciosa que molda a forma como nos entendemos e entendemos os outros, como nos movemos pelo mundo e como nos relacionamos com as pessoas ao nosso redor.

Em sua essência, a inteligência emocional significa sintonizar-se com os próprios sentimentos, compreender o que está por trás deles, lidar com eles com cuidado e sintonizar-se com o que os outros sentem. É a força sutil que dirige seus pensamentos e ações, muitas vezes sem fazer barulho. Ao aprender a trabalhar essa força, você assume o controle de uma das partes mais poderosas do ser humano: a emoção. Pense nas emoções não como flashes rápidos que vêm e vão, mas como correntes fluidas que movem o seu corpo e a sua mente. A alegria não é apenas um sorriso fugaz. É uma onda de substâncias químicas, como a dopamina e a oxitocina, inundando o cérebro. Essas substâncias não servem apenas para animá-lo. Constroem pontes invisíveis entre você e os outros. Despertam energia e aprofundam conexões.

Por outro lado, a raiva e o medo liberam hormônios do estresse, como o cortisol. Eles preparam o corpo para lutar, correr e sobreviver. No entanto, há um porém. Quando o estresse permanece por muito tempo, não afeta apenas o humor. Ele também obscurece a memória e prejudica a saúde. As emoções não são apenas sentimentos a serem percebidos. Elas percorrem o corpo e a mente, colorindo pensamentos, ações e a cura.

Agora, imagine que as emoções são um par de óculos coloridos que você usa. Duas pessoas caminham pelo mesmo parque. Uma delas passeia calmamente, observando as folhas brilhantes e ouvindo risadas. A outra se sente tensa, alerta para cada sombra e rachadura no caminho. Mesmo lugar, mundos diferentes se desenrolando em suas mentes. As emoções moldam as histórias que contamos a nós mesmos sobre o que é real. A inteligência emocional nos ajuda a identificar esses óculos e perceber quando eles embaçam nossa visão ou bloqueiam a luz. Ela nos convida a ajustar suavemente nossa visão. No entanto, as emoções não vivem apenas dentro de nós. Elas também habitam o espaço onde as pessoas se encontram. Os seres humanos precisam de conexão tanto quanto precisam de ar. A maneira como você lida com os próprios sentimentos muda a forma como se relaciona com os outros.

Ao perceber as emoções que fluem ao seu redor, você consegue manter a calma quando as conversas ficam difíceis. É possível transformar momentos de tensão em oportunidades de entendimento. Sem essa habilidade, os relacionamentos podem se tornar confusos, nos deixando presos ou solitários. A inteligência emocional não é opcional. Ela nos ajuda a nos sentirmos vistos, ouvidos e confiáveis. Nossos sentimentos também orientam nossas escolhas. A lógica apresenta os fatos, mas as emoções acrescentam uma camada crucial, fundamentando as decisões no que realmente é adequado.

Imagine que você está escolhendo entre dois empregos. Os números e os benefícios contam uma história. No entanto, no seu coração, uma voz sussurra entusiasmo ou medo pela mudança que está por vir. Ignorar essa voz é correr o risco de escolher um caminho que, no fundo, parece errado. A inteligência emocional une a cabeça e o coração, ajudando você a fazer escolhas que façam sentido para ambos.

Não se trata de fugir de emoções difíceis ou de evitar conflitos. Trata-se de buscar também os sentimentos positivos, como gratidão, gentileza e admiração. A gratidão muda o seu mundo interior. Perceber as pequenas bênçãos torna sua melodia mais calorosa e leve. A gentileza estreita os laços com os outros, liberando oxitocina, o hormônio que diz "você pertence a este lugar". Esses sentimentos se espalham silenciosamente, transformando não apenas o seu humor, mas também o círculo de pessoas ao seu redor.

# Capítulo 14: Moldando Sua Realidade por Meio da Conexão Consciente

Desenvolver a inteligência emocional exige um pouco de esforço. Pense nisso como cuidar de um jardim, não como buscar a perfeição. Comece voltando seu olhar para dentro. O que você está sentindo agora? Por que esse sentimento pode estar presente? A maioria de nós vive no piloto automático, reagindo sem perceber. Fazer uma pausa, seja escrevendo, respirando de maneira lenta e contínua ou refletindo em silêncio, abre uma porta. Ela permite que você enxergue gatilhos e necessidades ocultas sem culpa. Uma curiosidade gentil: perguntar "o que esse sentimento está tentando me dizer?". — planta sementes de crescimento.

Depois, vem a arte de gerenciar as emoções. Isso não significa reprimi-las ou fingir que elas não existem. Significa mantê-las estáveis para que elas o guiem, e não o inundem. Ferramentas simples ajudam nisso. Respirar fundo, imaginar um lugar calmo ou mudar a história que você conta a si mesmo sobre um desafio pode ajudá-lo a se concentrar. Ver um erro não como um fracasso, mas como um retorno, transforma os contratempos em lições. Essa habilidade não tem a ver com perfeição. Trata-se de conduzir o seu barco emocional mesmo quando as águas estão agitadas.

A empatia desempenha um papel importante nesse processo. Significa entrar no mundo do outro para sentir o que ele sente sem perder o próprio equilíbrio. Isso exige uma escuta ativa e sem julgamentos, criando um espaço para que os outros compartilhem toda a sua verdade. Quando amigos ou líderes se conectam verdadeiramente dessa forma, constroem pontes. Criam lugares onde as diferenças não separam as pessoas, mas as unem. É por meio da empatia que a confiança é construída, a criatividade se espalha e as pessoas se fortalecem juntas.

A inteligência emocional une todos esses fios sempre que nos movemos através dos relacionamentos. Seja para fechar um negócio ou fazer as pazes em casa, a confiança e a comunicação clara estão no centro. Assumir os erros, aceitar feedbacks e comemorar as vitórias aproximam as pessoas. Quando surgem conflitos — o que inevitavelmente acontecerá —, essa inteligência mostra caminhos para acalmar os ânimos e encontrar pontos em comum. Ela transforma confrontos em oportunidades de conversa que fazem todos avançarem.

No cerne da inteligência emocional está uma verdade simples, porém profunda: a maneira como você se sente molda o seu mundo. A realidade não é fixa nem imposta a você. Você a cria por meio dos seus sentimentos. As emoções não acontecem por acaso; elas ajudam a moldar sua experiência. Ao aprender a trabalhar com isso, você entra em parceria com a própria vida. Seja qual for o seu objetivo — paz interior, melhores relacionamentos ou até mesmo uma mudança no mundo —, a inteligência emocional ilumina o caminho. Ela nos lembra de que cada pulsação do coração emite ondas que tocam tudo ao seu redor.

Aprender sobre inteligência emocional abre portas que talvez você não tivesse percebido antes. Quando sua mente e seu coração se movem juntos, você não apenas recebe a vida. Eles a criam. Ao se entregar a todos os seus sentimentos — os claros, os escuros e todos os outros —, você reivindica o seu poder. Assim, você molda uma vida cheia de significado, conexão e propósito. Esse é o trabalho da inteligência emocional. E ele começa aqui, com você, agora mesmo. Mais importante ainda, coisas que compartilham a mesma energia tendem a se unir. Seus pensamentos, sentimentos e crenças emitem sinais. Esses sinais atraem experiências que correspondem ao que você está emitindo.

Aqui está uma imagem mais clara. Imagine sua mente como um rádio sintonizado em determinadas estações. Ao seu redor e dentro de você, a energia se move em ondas. Seu humor, seu foco e as histórias que você conta a si mesmo carregam uma frequência. Quando você se sente bem, esperançoso e grato, envia sinais fortes que atraem coisas boas.

Quando sente medo, raiva ou dúvida, os sinais diminuem, assim como as chances de atrair coisas boas. Isso não é mágica. É um padrão natural, como notas musicais que se harmonizam ou se chocam. Dizer "sou rico" enquanto se preocupa secretamente com dinheiro não fará com que pilhas de dinheiro caiam no seu colo. Imaginar a vida dos seus sonhos é apenas o começo. É preciso ter uma crença firme, sentimentos que correspondam aos seus desejos e ação. Quando o que você pensa, sente e faz apontam na mesma direção, o progresso real acontece. Sinais contraditórios confundem o mundo e retardam as coisas. Por isso, é importante que sua mentalidade, suas emoções e seus esforços estejam alinhados.

Saber o que você realmente quer é o primeiro passo. Dizer "eu quero mais" é muito vago. Mais do quê? O que significa sucesso para você? Como ele é, como soa, como você se sente? Escrever isso transforma uma esperança vaga em um objetivo claro. Em seguida, pratique visualizar esse objetivo em sua mente. Visualize seus objetivos como se já estivessem aqui. Imagine as cores, os sons, os cheiros e as sensações. Isso aguçará sua percepção. Você começará a perceber pistas e oportunidades que antes passavam despercebidas.

Os sentimentos são muito importantes. Eles dão força aos seus pensamentos ou tiram parte dela. Quando a paixão, a emoção e a gratidão alimentam seus sonhos, eles se concretizam mais rapidamente. Ao se apegar ao medo, à preocupação ou à falta, você corre o risco de se prender à luta. Um simples hábito diário de agradecer pelas suas bênçãos direciona sua atenção para o que há de bom no presente. Cada pequeno "obrigado" cria impulso.

# Capítulo 15: Sincronicidade e Coincidências

Quando seus pensamentos, sentimentos e ações fluem em harmonia, o progresso parece natural, como se a vida o estivesse elevando. De repente, portas que você não enxergava antes se abrem. Os problemas se tornam mais fáceis, pois você está em sincronia de dentro para fora. Dessa forma, agir não é um fardo ou uma tarefa árdua, mas uma extensão natural de saber o que se quer. Ainda assim, a jornada nem sempre é tranquila. Às vezes, a própria mente resiste à mudança. Ideias antigas que você adquiriu podem impedi-lo sem que você perceba. Talvez alguém tenha dito que "dinheiro não nasce em árvore" ou que "é preciso sofrer para progredir". Essas mensagens podem permanecer silenciosamente em seu subconsciente e enviar sinais que entram em conflito com seus objetivos. Para eliminar esses bloqueios, é preciso ter paciência e usar algumas ferramentas.

Práticas como tapping (EFT), consciência corporal e mudança de pensamento podem reescrever essas histórias antigas e transformá-las em histórias úteis. Outro teste é manter a prática quando as coisas desaceleram. Às vezes, o crescimento parece lento, e a vida, estagnada. A dúvida e a frustração podem surgir. Mas é na persistência que reside o verdadeiro poder. Cada pequeno passo importa, mesmo que nada de óbvio esteja acontecendo ainda. Os contratempos se tornam pistas e lições para aprimorar sua abordagem. A vida responde não apenas ao que você quer, mas também ao quanto você está pronto para receber. Mostrar comprometimento diz ao mundo que você está preparado para receber novas bênçãos.

Muitos conhecem histórias em que esse princípio funciona. A vida de Oprah Winfrey é um exemplo claro. Ela começou enfrentando muitos desafios, mas acreditava que poderia moldar o próprio destino. Costumava dizer: "Eu sou a arquiteta da minha vida". Ela imaginou seu programa muito antes das câmeras começarem a rodar. Sua crença, aliada à habilidade e ao esforço, tornou tudo isso realidade. Milhões de pessoas são inspiradas por sua jornada, o que prova que uma visão clara, aliada a esforço, é capaz de mover montanhas.

Em sua essência, esse poder o convida a enxergar a si mesmo e ao seu mundo de maneira diferente. Ele o convida a deixar de se sentir preso e a acreditar que você pode criar mais. A vida não é imutável; ela muda de acordo com seus pensamentos e escolhas. Ao ouvir sua voz interior, você assume o controle. Você aprende a construir seu caminho com propósito, significado e clareza. Esse poder sempre esteve com você, esperando para ser reivindicado. Ao aprender a criar conscientemente, você retoma o controle. Assim, você constrói uma vida que parece verdadeira para você, uma vida cheia de significado, conexão e coração.

Carl Jung, psiquiatra suíço que dedicou sua vida à exploração da mente e do espírito, percebeu a sincronicidade. Ele notou que, em certos momentos, as coisas se alinham não porque uma causa a outra, mas porque algo maior está em ação. Talvez a vida esteja lhe dando uma dica ou o universo esteja compartilhando um segredo que você não pode ignorar. Pense nas vezes em que uma pessoa da qual você não se lembrava há muito tempo aparece em sua mente. Momentos depois, o nome dela aparece em uma mensagem, em uma ligação ou alguém a menciona casualmente. Ou quando você está lutando com uma decisão, se sentindo preso, e de repente uma música no rádio, uma frase em um livro ou um comentário aleatório ilumina um novo caminho a seguir. Esses momentos carregam um peso sutil. São como notas escondidas sob o barulho da vida cotidiana, pedindo para você olhar mais de perto e ouvir mais profundamente. Eles o convidam a enxergar além da superfície habitual, proporcionando uma sensação de que há algo mais.

A ciência estuda isso. Causa e efeito constituem o cerne da maioria das pesquisas. A sincronicidade, porém, não dança nesse ritmo. No entanto, a ciência, especialmente nos cantos estranhos da física quântica, sugere que existem fios invisíveis conectando tudo. Veja o "entrelaçamento", por exemplo. Partículas minúsculas permanecem ligadas, mesmo quando estão a quilômetros de distância. Isso sugere uma ordem por trás do que parece ser caos. Será que nossas mentes também podem tocar essa teia invisível e estabelecer uma conexão tácita? Histórias de práticas como a visão remota, em que alguém sabe o que está acontecendo longe sem estar lá, apoiam essa ideia.

A sincronicidade oferece um vislumbre de uma unidade mais profunda entre a mente e a materialidade, uma conexão que estamos apenas começando a compreender. Do ponto de vista de nosso mundo interior, esses momentos ficam à beira da consciência. Eles surgem quando a vida sacode o velho e novas perguntas aparecem. Jung acreditava que, durante grandes momentos de mudança, a mente se aquieta e passa a ouvir mais atentamente o que está acontecendo ao seu redor. Nessa quietude, esses flashes sincronísticos aparecem. É uma dança delicada entre o silêncio interior e o mundo exterior, uma cooperação que se estabelece. A voz interior e o mundo ao redor se encontram em um ritmo compartilhado, guiando os próximos passos sem força nem pressão.

Sintonizar-se com a sincronicidade começa suavemente. Observe pequenas coincidências que o surpreendem. Quando sua música favorita toca no momento certo. Quando um número se repete ou um rosto reaparece inesperadamente. Em vez de ignorá-las, pare. Dê um pouco de atenção a esses momentos. Pergunte a si mesmo o que eles podem estar lhe mostrando. Anote-os. Com o tempo, padrões emergem. Eles sussurram em seu ouvido, oferecendo orientações e insights criados especialmente para você.

# Capítulo 16: O Poder da Crença Compartilhada

Ter uma imagem clara do que você deseja cria uma faísca no mundo ao seu redor. Se você busca paz, novas amizades ou novas oportunidades, manter o foco alimenta a conexão. De repente, pessoas e oportunidades alinhadas à sua visão surgem em sua vida, como ímãs atraídos pela sua própria energia. Procurando uma nova carreira? Conversas, reuniões e oportunidades relacionadas a esse caminho começarão a aparecer naturalmente. O universo responde à sua intenção clara, impulsionando sua jornada.

Afirmações ajudam a moldar essa abertura. Frases simples, como "Estou aberto a orientações" ou "Confio na jornada", ajudam a treinar a mente para fazer uma pausa e perceber o que já está presente. A gratidão também contribui. Agradecer à vida por esses pequenos mistérios atrai mais coisas semelhantes. É uma forma de abrir uma porta para a força silenciosa que atua ao seu redor e alimenta o fluxo de pequenos empurrões que o conduzem gentilmente adiante.

A sincronicidade não é apenas uma dança pessoal. Ela se manifesta com mais força onde as pessoas se reúnem com um propósito em comum. Quando grupos se unem — pelo planeta, pela justiça ou pela paz —, uma corrente de energia é criada, mudando o ar. Nesses momentos, os momentos sincronísticos costumam surgir com muita energia, despertando esperança, motivação ou novas ações. Esses momentos nos lembram de que não estamos sozinhos na jornada. Somos fios de uma vasta teia viva, cocriando a história do nosso mundo. Em sua essência, a sincronicidade nos pede para enxergar a vida como uma história fluida, não algo fixo e separado de nós. Cada pensamento e escolha molda o movimento.

Ao aprender a ouvir essas dicas silenciosas, você desperta um poder interior. Ele age de maneira silenciosa, porém profunda, moldando o seu caminho e criando ondas que tocam outras pessoas. Essa confiança revela sua verdadeira natureza e planta sementes que têm o poder de mudar tudo. Aceitar coincidências significativas e confiar na história que se desenrola o convida a entrar em um poder criativo que é seu por direito. Este é o seu convite. Viva com foco, curiosidade e admiração. A jornada que você percorre é exclusivamente sua, mas se desenrola dentro de um todo maior. Além disso, há um poder silencioso em nos unirmos, algo que molda o nosso mundo muito mais do que percebemos. Não fomos feitos para ficar sozinhos. Dentro de nós existe a necessidade de compartilhar, de pertencer e, por meio dessa união, criar algo maior do que uma pessoa consegue sozinha.

Nossos pensamentos e sentimentos não ficam presos dentro de nossas cabeças; eles se espalham e tocam outras pessoas, moldando o tecido do que chamamos de realidade apenas pelo fato de estarmos conectados. Quando grupos de pessoas concentram seus corações e mentes em uma visão comum, é como se um fogo se acendesse. Esse fogo emite calor e luz, transformando toda a paisagem ao seu redor. Essa verdade vira a história comum de cabeça para baixo. Não criamos nossas vidas sozinhos. As construímos juntos, por meio de linhas invisíveis de conexão que nos puxam para um movimento maior, um pulso comum da vida.

Em sua essência, a consciência coletiva é a força que une crenças e sentimentos compartilhados, mantendo as pessoas unidas em um grupo. Ela molda as regras pelas quais vivemos e os movimentos que seguimos. Pense, por exemplo, nas lutas pelos direitos civis na década de 1960. Milhões se levantaram, movidos por um sonho de justiça e igualdade. Esse sonho compartilhado não era apenas palavras: ele acendeu uma chama que alimentou protestos, inspirou leis e remodelou sociedades inteiras. Em todo o mundo, os encontros espirituais, nos quais as pessoas rezam, meditam ou realizam rituais, mostram como a intenção focada cria resultados. A cura acontece, a paz cresce e a natureza reencontra o equilíbrio. Quando mentes e corações se alinham, algo maior flui por meio de todos nós. É uma força criativa mais poderosa do que a soma de qualquer número de indivíduos isolados.

É possível enxergar isso por meio de duas lentes: a psicologia e um pequeno vislumbre dos mistérios da física quântica. Do ponto de vista psicológico, fazer parte de um grupo potencializa nossos próprios pensamentos, pois eles são ecoados e apoiados. Quando você está em uma comunidade que compartilha suas esperanças, você se sente visto e encorajado. Isso, por si só, ajuda a mantê-lo seguindo em frente. Além disso, nossos cérebros têm uma característica chamada neurônios-espelho. Quando vemos alguém vivendo de uma maneira que admiramos, nosso cérebro se prepara para fazer o mesmo. É por isso que a companhia de pessoas positivas nos eleva, enquanto círculos prejudiciais nos impedem de avançar.

A física quântica acrescenta outra camada. Ela sugere a ideia de que a consciência não está presa a cabeças separadas, mas conectada a um vasto campo de energia. Quando as pessoas se concentram juntas, elas emitem ondas que podem influenciar o que acontece ao seu redor. Experimentos mostram que grupos que meditam em sincronia podem reduzir a criminalidade ou melhorar a saúde da comunidade. Isso não é mágica, mas uma parte natural de como a presença humana funciona. Por meio da oração, do ativismo, da arte, a humanidade sempre sentiu esse poder. Hoje, a ciência começa a explicar por que sincronizar mentes é importante e como isso cria ondas que vão além de uma pessoa, mudando o mundo pouco a pouco.

# Capítulo 17: Construindo Uma Comunidade Verdadeira

Construir uma comunidade verdadeira significa mais do que apenas aparecer. É preciso ter honestidade e coragem, ou seja, disposição para ser você mesmo, mostrando seus medos, sonhos e dificuldades. Essa abertura gera confiança. Quando há confiança, as pessoas podem realmente se apoiar. Veja, por exemplo, os grupos de Alcoólicos Anônimos. Eles são um exemplo poderoso de como compartilhar sua história pode trazer esperança e força. Ao nomearmos nossas lutas e enxergarmos nossa humanidade compartilhada, as barreiras da vergonha desaparecem, e as pessoas recuperam seu poder. As redes profissionais, quando construídas da maneira certa, também se tornam lugares onde as ideias colidem e crescem, pois a conexão real vem antes da busca pelo sucesso.

A tecnologia atual nos ajuda a expandir ainda mais esses laços. As redes sociais e os espaços on-line conectam pessoas de todos os cantos do mundo. De repente, o conhecimento e a ajuda se tornam amplos. Fica mais fácil prestar atenção às necessidades da comunidade. Projetos de crowdsourcing reúnem inteligência coletiva para resolver problemas difíceis, como doenças ou ajuda em desastres. Aplicativos que orientam a atenção plena ou a formação de hábitos oferecem apoio diário, ajudando as equipes a se manterem focadas. A realidade virtual nos coloca em situações nas quais a empatia e a colaboração aumentam naturalmente. A combinação dessas ferramentas com práticas antigas, como histórias, rituais e encontros, cria um rico conjunto de maneiras de aproximar as pessoas. Quanto mais misturamos e combinamos, mais forte se torna o todo.

No entanto, a construção de uma comunidade não acontece por mágica ou apenas com boas intenções. Ela exige honestidade e justiça em sua essência. A verdadeira unidade acolhe as diferenças. Vozes diversas enriquecem a história que o grupo conta. Líderes que agem com gentileza e clareza definem o tom. Eles criam um espaço no qual todos se sintam seguros para compartilhar. O conflito não é inimigo, mas uma oportunidade. Quando bem administrado, ele abre portas para um entendimento mais profundo. O feedback positivo mantém o grupo alinhado aos seus valores. Assim, uma comunidade cresce não apenas em tamanho, mas também em espírito, tornando-se sábia o suficiente para enfrentar desafios sem perder sua essência.

Crenças compartilhadas ajudam a ancorar grupos em tempos de incerteza. Sejam religiosas, filosóficas ou baseadas em ideais, essas crenças iluminam o motivo de nossa existência e o que é importante. Essas histórias podem ser diferentes entre si, mas compartilham um objetivo simples: dar à vida um significado pelo qual vale a pena viver. Elas convocam as pessoas a se reunirem em torno de sonhos compartilhados e a transformarem energia em ação. No entanto, essas crenças não devem se tornar gaiolas rígidas. A história mostra como ideias fixas geram divisão e dor. Para que as comunidades permaneçam saudáveis, é necessário que se mantenham abertas à mudança e à complexidade.

O diálogo honesto é um remédio contra o pensamento "nós contra eles". Quando as pessoas ouvem com atenção, fazem perguntas sem julgar e dão espaço para todas as vozes, as barreiras caem. Garantir que as histórias marginalizadas sejam ouvidas evita que a comunidade adote visões estreitas. Equilibrar unidade e diferença cria uma força que perdura. Essas comunidades podem se curvar diante das adversidades e, ainda assim, permanecer firmes no que é importante.

No final das contas, a comunidade e as crenças compartilhadas nos lembram de que a realidade está viva e responde a nós. Não somos apenas observadores, mas criadores dessa história em andamento. Ao nos apresentarmos e escolhermos a conexão, ajudamos a moldar o futuro. Isso pode significar cura pessoal, crescimento coletivo ou um conhecimento espiritual mais profundo. A lição é clara: a mudança começa dentro de nós e se espalha para fora, tocando tudo. Aprender a construir e a nutrir uma comunidade não é apenas uma habilidade, mas uma porta para possibilidades.

Por outro lado, as crenças limitantes permanecem dentro de nós como sombras silenciosas. Passam pela nossa mente e moldam a forma como nos vemos e enxergamos o mundo ao nosso redor.

Muitas vezes, elas nos impedem de avançar sem que percebamos. Essas crenças vêm de todos os lugares. Talvez venham de coisas que vivemos, de vozes de pessoas ao nosso redor ou de histórias que repetimos para nós mesmos em nossas cabeças. Constroem muros dentro de nós, bloqueando o crescimento e obscurecendo o que acreditamos ser possível. Se quisermos liberar o verdadeiro poder de nossas mentes e mudar o curso de nossas vidas, precisamos enfrentar esses limites ocultos e começar a derrubá-los.

Pense sobre a origem dessas crenças. Na maioria das vezes, elas começam cedo, quase sem percebermos. Talvez um dos nossos pais tenha dito uma vez que não éramos bons o suficiente, ou as palavras de um professor tenham feito com que duvidássemos da nossa inteligência. A sociedade ao nosso redor acrescenta suas próprias regras, como "Trabalhar duro é o único caminho para o sucesso" ou "Dinheiro só traz problemas". Essas mensagens se acumulam com o tempo. Elas se estabelecem como a maneira padrão de viver a vida. A ciência demonstrou que nosso cérebro cria mapas para esses padrões, ou seja, sulcos mentais pelos quais nossos pensamentos viajam. Se essas estradas são esculpidas pelo medo e pela dúvida, essa mentalidade se torna padrão. Ela continua a funcionar por si própria até decidirmos mudar o caminho.

# Capítulo 18: Superando Crenças Limitantes

As crenças limitantes surgem em momentos difíceis, como quando precisamos tomar uma decisão, quando o medo aperta ou quando o estresse distorce nossa visão. Faça uma pausa e pergunte a si mesmo: "Que história estou contando a mim mesmo agora? Isso é real ou apenas preocupação disfarçada de verdade?". Escrever esses pensamentos os traz à tona. Pense em frases que você costuma dizer, como "Eu sempre estrago tudo" ou "Eu não sou bom o suficiente". Observe também o que seu corpo está sentindo. Talvez seu peito fique apertado ou sua respiração, superficial. Esses sinais ajudam a identificar quais crenças precisam de atenção.

Depois de identificar o que você está enfrentando, comece a questionar essas crenças com gentileza, mas com determinação. Elas realmente contam toda a história? Quais fatos as sustentam? Quais partes não fazem sentido? Se um amigo lhe contasse a mesma história, o que você diria a ele? Esse tipo de diálogo interno quebra as barreiras em torno do pensamento antigo e abre espaço para novas ideias. Imagine-se tendo sucesso, calmo e confiante nesse sucesso. Isso não é apenas um pensamento positivo. É uma mensagem para o seu subconsciente, que o ajudará a alcançar o que você quer acreditar.

As palavras têm poder aqui. Use afirmações que correspondam à realidade que você deseja. Diga coisas como "Eu sou capaz" ou "Eu lido com os desafios com calma". Repita-as com frequência e sinta-as profundamente. Acrescente gratidão também. Pense em pequenas vitórias e nas pequenas coisas que você aprecia todos os dias. Isso muda sua atenção do que está faltando para o que já existe. Isso cria um ciclo constante de bons sentimentos e confiança.

Às vezes, sentimentos antigos ficam presos em nossas mentes e corpos, nos impedindo de seguir em frente. Técnicas como bater em certos pontos do corpo, respirar profundamente ou se movimentar podem ajudar a liberar essa energia. Formas de expressão criativa, como escrever, pintar ou dançar, permitem que as emoções sejam liberadas de maneiras que as palavras, por vezes, não conseguem. Quando a energia flui, fica mais fácil enxergar e sentir novas possibilidades.

Você não precisa fazer essa jornada sozinho. Estar perto de pessoas que demonstram força, gentileza e criatividade pode lhe dar coragem e novas perspectivas. Atividades em grupo, compartilhamento de objetivos e aprendizagem conjunta criam um apoio mútuo que eleva a todos. Quando os líderes criam espaços nos quais todas as vozes são importantes e nos quais a justiça e a abertura prevalecem, a confiança cresce. As descobertas então acontecem mais rapidamente.

A vida apresenta novos desafios para testar o que você construiu dentro de si. Às vezes, você cai. Isso faz parte da jornada. Não se trata de um fracasso, mas de uma chance de aprender e crescer. A paciência ajuda, assim como o feedback honesto daqueles que enxergam as coisas com clareza. Olhe sempre para trás e veja o quanto você já avançou. Comemore cada passo à frente, por menor que seja. Todos eles moldam a jornada maior que está por vir.

Veja o caso de J.K. Rowling. Ela enfrentou rejeição após rejeição. Enfrentou dificuldades financeiras e dor pessoal, mas não deixou de acreditar na história que carregava dentro de si. Sua fé e persistência mudaram sua vida e tocaram milhões de pessoas. Isso mostra que o que está dentro da sua mente pode moldar a sua realidade, mesmo quando as coisas parecem impossíveis. A realidade não é fixa. Ela se curva e muda com cada escolha e pensamento. Ao ouvir as histórias que conta a si mesmo e escolher aquelas que lhe servem, você libera sua força interior e sua criatividade. Essa jornada o leva ao que é realmente possível dentro de você. Ao fazer isso, você muda o mundo ao seu redor de maneiras que talvez nunca tenha imaginado.

Quando o dia pulsa com lógica e ordem, nossas mentes se movem em linhas retas. As regras nos guiam. Mas a noite rompe essas regras. Os sonhos vêm sem pedir permissão. Eles permitem que a mente vagueie muito além dos limites de nossas vidas diárias. Imagens estranhas surgem, cenas que não precisam corresponder ao mundo que conhecemos. Aqui, a imaginação planta sementes. Sementes que podem crescer e se transformar em novos entendimentos ou trazer mudanças reais. O sono em si não é uma simples pausa. É um botão de reinicialização para todo o nosso ser. Enquanto ficamos imóveis, o corpo trabalha reparando, protegendo e curando células, organizando memórias e decidindo o que manter. No entanto, nem isso conta toda a história. O sono vai mais fundo.

Os sonhos refletem as prateleiras ocultas de nossos sentimentos: medos escondidos, esperanças silenciosamente alimentadas e batalhas que talvez não travemos quando estamos acordados. Ouvir atentamente essas histórias noturnas nos permite enxergar o que está escondido sob a superfície. É uma oportunidade rara de encontrar velhas feridas e novos anseios, de reunir os fios dispersos dentro de nós.

Durante a noite, nosso cérebro passa por estágios, cada um com seu próprio ritmo. Primeiro vem o sono leve, depois o descanso mais profundo e, por fim, o sono REM, quando os sonhos são intensos e vívidos. Nessa fase, as ondas cerebrais se assemelham às de quando estamos acordados, mas as histórias contadas aqui se transformam em formas estranhas. Esses ciclos de sono fluem como ondas, alternando entre a calma e explosões de imaginação selvagem. A mente oscila entre o conhecido e o desconhecido, entre o que podemos controlar e o que surge de maneira livre e inesperada.

Os sonhos fazem mais do que repetir os acontecimentos do dia. Eles se tornam espaços de ensaio, nos quais representamos possibilidades sem perigo. Artistas e inventores há muito descobriram os dons dos sonhos. A famosa melodia "Yesterday", de Paul McCartney, surgiu enquanto ele dormia, como uma porta destrancada no silêncio.

# Capítulo 19: O Papel do Sono e dos Sonhos

Manter um diário dos sonhos é poderoso. Ao acordar, é preciso capturar tudo o que surge — fragmentos de imagens, sentimentos, pensamentos dispersos — para registrar insights brutos antes que eles desapareçam. A história pode parecer confusa no início. Mas, com o tempo, padrões aparecem: símbolos ou temas repetidos que sugerem partes de nós mesmos à espera de atenção. Faça perguntas gentis: "O que este sonho está me mostrando?" Como ele reflete a minha vida ou a vida que eu quero? — transforme a observação passiva em escuta ativa. Escrever os sonhos se torna um ponto de encontro com nossos guias internos. Os sonhos lúcidos levam essa parceria ainda mais longe. É uma habilidade rara saber que se está sonhando enquanto ainda se está no sonho, manter a consciência e fazer escolhas lá. Perceber sinais estranhos, como um pássaro sem asas ou um amigo agindo de maneira incomum, pode ajudar a alcançar a lucidez.

Práticas simples, como verificações da realidade, afirmações e ensaios mentais vívidos, preparam a mente. Nos sonhos lúcidos, as regras se dobram e se esticam. É possível flutuar, mudar de cena, encontrar partes ocultas de si mesmo ou inventar novos mundos. Algumas pessoas usam essa habilidade para enfrentar medos com segurança, aprimorar habilidades ou explorar a criatividade sem limites. Sonhar lucidamente é como entrar em uma oficina dentro da própria mente, onde tudo é possível. A tecnologia agora acompanha esse caminho antigo. Dispositivos vestíveis monitoram sinais silenciosos do corpo, revelando os ciclos do sono e a qualidade do descanso. Aplicativos registram sonhos e orientam a realização de exercícios calmantes.

Muitas culturas honram o sono como uma ponte para os ancestrais e mundos invisíveis. Elas realizam cerimônias sincronizadas com as estrelas e as estações do ano para reunir a sabedoria dos sonhos. Alguns pensadores modernos sugerem que os sonhos compartilhados podem gerar ondas de energia positiva nas comunidades. Essa conexão pode não ser apenas uma metáfora, mas uma realidade que nos une a todos. Essa maneira de ver as coisas nos convida a repensar quem somos. A vida não termina com a luz do dia. Dentro de nós, existem muitas camadas prontas para serem desvendadas quando ouvimos os sussurros silenciosos que vêm de dentro. Aceitar o sono e os sonhos significa aceitar tudo o que a vida pode ser. Isso nos leva à cura, à criação e a uma vida mais profunda.

Noite após noite, à medida que nos entregamos à calma do sono, nos aproximamos de algo vasto que nos aguarda, pronto para nos moldar e moldar o mundo que compartilhamos. No entanto, as redes sociais nos bombardeiam com histórias intermináveis, vídeos que não param de rodar, mensagens que iluminam nossas telas e nos atraem. Nossas mentes fazem saltos rápidos, pulando de um lado para outro, em vez de mergulhar profundamente. Esse estado de dispersão é cansativo e está longe de ser inofensivo. Estudos relacionam o tempo excessivo diante da tela à tensão, à ansiedade e à sensação de estar constantemente sobrecarregado. Os algoritmos aprendem o que não conseguimos resistir: eles nos puxam de volta repetidamente, despertando comparações, inveja ou insegurança. Sem perceber, ficamos presos a esses ciclos, que corroem nossa paz e clareza.

A consciência se torna, assim, o caminho a seguir. Observe honestamente como você usa essas ferramentas. Por que você pega o celular? Que sentimentos o levam a rolar a tela sem parar? Depois de colocá-lo de lado, você se sente centrado ou vazio? Perceber esses padrões é o primeiro passo. Alguns aplicativos monitoram o tempo que você passa na tela e podem revelar verdades surpreendentes. Use esse conhecimento para estabelecer limites. Proteja os momentos dedicados ao descanso, à criatividade ou simplesmente à presença. Tente criar espaços "sem tecnologia" em sua casa, como um quarto, a mesa de jantar ou um local tranquilo para respirar e ficar em silêncio. Reserve dias para se desconectar totalmente. Saia, caminhe entre as árvores, converse com as pessoas pessoalmente.

Ao se conectar com a tecnologia, tenha um objetivo claro em mente. Decida o que você quer fazer: absorver informações de um podcast ou terminar uma aula rápida on-line, por exemplo. Concentre-se nisso. Evite se distrair depois. Cuide do seu mundo digital com cuidado. Preencha seus feeds com histórias, imagens e pessoas que o inspirem e elevem seus valores. Novos mundos se abrem rapidamente com a realidade virtual e aumentada. Elas misturam o real e o imaginário em uma única experiência. Essas ferramentas ampliam a maneira como vemos e vivemos a vida, ultrapassando as fronteiras habituais. No entanto, também nos levam a refletir sobre respeito e honestidade. Como proteger a privacidade e manter a autenticidade em mundos que parecem tão vivos, mas são inventados?

A inteligência artificial vai ainda mais longe. Ela executa tarefas repetitivas, analisa grandes quantidades de dados e nos ajuda a encontrar respostas que antes não encontrávamos. Os chatbots lidam com perguntas básicas, liberando os humanos para se aprofundarem. A IA pode prever tendências e personalizar sugestões apenas para você. No entanto, à medida que as máquinas copiam os comportamentos humanos, surge a pergunta: como manter a conexão real viva em um espaço onde as respostas podem ser programadas? É preciso equilibrar a inteligência das máquinas com o coração humano para manter os pés no chão e honrar o que torna a vida significativa.

Viver com a tecnologia exige atenção constante e escolhas. Essas ferramentas devem nos servir, não nos dominar. Verifique como você está se sentindo com frequência. Seus hábitos o estão levando ao crescimento e à abertura? Ou você se sente preso, esgotado ou fechado? Peça a pessoas em quem você confia que compartilhem um feedback honesto. A mudança nunca acontece sozinha. Comemore pequenas vitórias quando as identificar. Com o tempo, elas criam uma base sólida para uma transformação mais profunda.

# Capítulo 20: O Futuro da Consciência

Trilhar o caminho da compreensão da consciência e das ondas da mente não é apenas uma jornada intelectual. É saber que os fios quânticos e as ferramentas de crescimento pessoal importam pelo que trazem para o seu cotidiano. A verdadeira magia acontece quando a teoria se encontra com a prática, quando o que você aprende se encaixa naturalmente na maneira como você pensa, sente e age todos os dias. Ao fazer isso, você começa a moldar sua vida de acordo com seus objetivos mais profundos, decidindo sua direção um momento de cada vez.

Tudo o que você faz carrega um pouco de energia que alimenta a história maior da sua vida. Antes de começar o dia, pense no que você quer criar — não apenas grandes conquistas, como "sucesso" ou "felicidade", mas coisas com as quais você quer se preencher: calma, gentileza, força. Crie um pequeno ritual matinal. Sente-se em silêncio por cinco minutos. Imagine o tipo de dia que você espera ter, fluindo facilmente e cheio de propósito. Repita afirmações simples, como "Estou calmo e centrado", "As oportunidades vêm facilmente para mim" ou "Confio em como meu dia vai se desenrolar". Escrever três objetivos claros para o dia de hoje ajuda a manter o foco e os passos no caminho certo.

A presença é o cerne desse trabalho. Não se trata de ficar sentado por horas, mas de fazer rápidas verificações. Aproveite momentos de silêncio, como o caminho para o trabalho, a espera na fila ou a preparação de uma refeição, para olhar para dentro de si mesmo. Pergunte-se: o que estou sentindo agora? O que está acontecendo no meu corpo? Quais pensamentos estão passando pela minha cabeça? Essas breves pausas o ajudarão a sair do piloto automático e a se envolver totalmente com a sua vida. À noite, dedique dez minutos para visualizar seus sonhos e objetivos. Veja cada detalhe do que você deseja, como se já tivesse sido realizado. Sinta como isso parece e soa, e quais texturas e emoções estão presentes. Isso torna a visão mais viva e crível.

Compreender as emoções molda a forma como você passa do pensamento à ação. Prestar atenção ao que desencadeia o medo, a raiva ou a frustração dá a você espaço para revertê-los. Mudar a história que você conta a si mesmo pode transformar um "eu não consigo" em "eu vou conseguir". Em vez de "Nunca vou terminar isso a tempo", tente "Tenho tudo de que preciso; passo a passo, vou chegar lá". Ouvir bem também melhora a sua conexão com os outros. Nas conversas, concentre-se em ouvir de fato, sem se apressar em dar respostas. Isso cria confiança e abre portas para a compreensão verdadeira.

Fazer parte de uma comunidade valoriza seu trabalho. Encontre pessoas que tenham as características que você deseja, como força, criatividade e gentileza. Observe como a presença delas o impulsiona a crescer. Participe de grupos ou projetos nos quais você possa compartilhar e aprender com outras pessoas, construindo um espaço de corações abertos e ideias novas. Peça feedback regularmente. Visões diferentes aprimoram sua abordagem e despertam novas ideias.

A vida não é imutável. Ela se curva e muda com cada escolha e pensamento seu. Sintonize-se com a sua voz interior. Você tem a caneta para escrever sua história com significado e clareza. Ao aprender a usar bem o poder da sua mente, você libera o vasto potencial dentro de você. Ao mesmo tempo, você ajuda a moldar o mundo ao seu redor, uma pequena ação de cada vez, abrindo portas para novas possibilidades que o aguardam logo à frente.

Neste momento, estamos em um ponto de inflexão diferente de todos os outros. Tecnologia, ciência, sociedade: tudo está se movendo rapidamente, abrindo portas que jamais imaginamos ser possíveis. No que diz respeito à consciência e à forma como ela se conecta à realidade em que vivemos, essas portas se abrem amplamente. O que está por vir pode mudar tudo. É uma dança de ideias que vai da física quântica à ciência do cérebro, da inteligência artificial ao poder compartilhado do que nós, seres humanos, podemos alcançar juntos. Tudo isso reescreve o que significa estar consciente e como essa consciência pode moldar o mundo ao nosso redor.

Imagine um futuro em que a tecnologia baseada em ideias quânticas nos permita acessar partes da existência que nunca alcançamos antes. Lugares em que o tempo, o espaço, a causa e o efeito seguem novas regras. Essas ferramentas podem transformar a forma como lidamos com grandes questões. Em vez de soluções superficiais, trabalharíamos nas raízes: medicina, educação e cuidados com a própria Terra, resolvendo os problemas em um nível mais profundo.

A ciência do cérebro também avança rapidamente. Novas maneiras de ver e interagir com o cérebro prometem um crescimento além do que conhecemos. Pense nas interfaces cérebro-computador que já permitem que pessoas incapazes de se mover controlem braços robóticos ou se comuniquem apenas com o pensamento. E se essa tecnologia evoluir a ponto de permitir que todos ampliem sua memória, criatividade e emoções de maneiras nunca antes possíveis? A exploração de como a consciência se manifesta no cérebro pode revelar padrões que se estendem por várias espécies, incluindo humanos, animais e mentes artificiais. Essa visão mais ampla nos convida a repensar a ética e a honrar a experiência de todos os seres vivos e sensíveis entrelaçados na grande dança da vida.

A inteligência artificial é outra história que está se desenrolando. A combinação da IA com nosso senso de identidade abre novas possibilidades. Imagine humanos e IA trabalhando juntos para encontrar soluções para grandes desafios, como a crise climática e o compartilhamento justo de recursos. À medida que nosso futuro se torna mais claro, nosso cuidado também deve aumentar. É necessária uma ética baseada na compaixão, na justiça e no cuidado.

# Capítulo 21: O Potencial Infinito

Com a internet e as novas tecnologias, nossos pensamentos e intenções combinados se espalham mais rápido e mais longe do que nunca. Vimos grupos surgirem e mudar a cultura em instantes, sincronizando corações e mentes. Imagine encontros globais nos quais as pessoas meditam juntas, focando na paz, na cura ou na abundância. Os mundos virtuais podem se tornar lugares em que visões diversas se encontram, gerando novas ideias e harmonia. Essas formas nos lembram que, quando as pessoas se unem em torno de objetivos mais elevados, seus efeitos se espalham além de suas vidas individuais e tocam o planeta inteiro.

Ao mesmo tempo, há uma sombra que nos acompanha. O uso inadequado da tecnologia pode nos privar do que nos torna humanos: conexões reais, presença fundamentada e o senso moral que nos guia. Riscos como vigilância, algoritmos tendenciosos e informações falsas podem ameaçar a coesão de sociedades já divididas. Para evitar essas armadilhas, a sabedoria deve liderar o caminho, não apenas a inteligência. Nossas estruturas devem proteger a dignidade, a liberdade e a forma como dependemos uns dos outros. A educação tem um papel importante nesse sentido, ensinando as novas gerações a pensar profundamente, a sentir com sinceridade e a enxergar como toda a vida está interligada.

A própria educação está mudando. As antigas formas de memorização e avaliação dão lugar ao cultivo da curiosidade, da criatividade e da empatia. Ao combinar desafios da vida real, prática virtual e atenção plena, a nova aprendizagem desenvolve habilidades e o coração. A aprendizagem ao longo da vida se torna comum, adaptando-se às necessidades e aos sonhos de cada pessoa. Os professores deixam de ser meros transmissores de conhecimento para se tornarem guias que ajudam os alunos a descobrirem seus dons únicos para o bem de todos. Essa mudança prepara o terreno para uma sociedade que vive conscientemente e é capaz de se recuperar e se reinventar de maneiras que beneficiem tanto as pessoas quanto o planeta.

A saúde também segue essa tendência. Com o objetivo não apenas de corrigir sintomas, mas de manter as pessoas inteiras e prósperas, a medicina entra na era da personalização. Informações genéticas, hábitos de vida e ambiente se unem para criar planos que fortalecem o corpo, a mente e o espírito. Terapias antes consideradas marginais, como as que usam psicodélicos, tornam-se populares, curando feridas profundas e abrindo novos estados de consciência. Medicamentos energéticos, como som, toque e trabalho em campos sutis, atuam em conjunto com os métodos usuais, detectando problemas antes que se manifestem externamente. Todos esses métodos se combinam para honrar todas as partes da saúde, lembrando-nos de que o verdadeiro bem-estar surge quando todas as peças cantam em harmonia.

Cuidar da Terra é fundamental para um futuro assim. Isso significa enxergar a natureza não como algo separado, mas como parte de nós mesmos. Práticas como a agricultura regenerativa devolvem a vida ao solo, armazenam carbono e combatem as mudanças climáticas, ao mesmo tempo em que alimentam o mundo. As economias circulares fecham ciclos, fazendo com que o lixo desapareça e as coisas sejam reutilizadas. Cidades movidas a energia limpa se tornam centros de justiça, eficiência e beleza. Projetos inspirados na natureza transformam a forma como construímos e nos movimentamos, criando espaços capazes de se adaptarem e crescerem como sistemas vivos. Ao nos sintonizarmos com o fluxo da natureza, protegemos um mundo no qual a vida pode florescer por muito tempo.

O futuro da consciência e da realidade nos pede para equilibrar o domínio com a humildade. Misturar motivação com respeito. Combinar novas ideias com lições do passado. A cada passo, devemos nos perguntar: este caminho nos liberta ou nos aprisiona? Ele está nos unindo ou dividindo? Ele está alimentando ou drenando a vida? Essas perguntas nos mostram o caminho, apontando para escolhas nascidas do amor, da honestidade e do serviço — os sinais de uma civilização verdadeiramente desperta. Lembre-se de que o futuro não é um lugar distante que está esperando para aparecer. Ele está aqui e agora, se revelando a cada pensamento, ação e intenção que emitimos. Tudo o que você faz causa ondas que vão além do seu alcance, tocando vidas infinitas. Dizem que a mudança começa dentro de nós e flui para fora, moldando tudo o que toca.

À medida que mais pessoas despertam, nos aproximamos juntos de um mundo que reflete nossas melhores esperanças: um mundo em que a humanidade vive em harmonia consigo mesma e com o cosmos. Portanto, leve esse conhecimento consigo ao retornar ao mundo. O poder de moldar sua vida está em suas mãos. Abra o seu coração. Abrace as possibilidades infinitas que existem nele. Observe como o extraordinário começa a fluir naturalmente de suas mãos e de sua esperança. Este é o início de uma jornada que vai tão longe quanto você ousar chegar.

O futuro não é uma terra distante. Ele está em suas mãos no momento em que você se entrega totalmente ao agora, firme em sua intenção. Quando os tempos difíceis chegarem, enfrente-os com curiosidade, não os afaste. Pergunte a si mesmo: o que esse momento está me ensinando? Como posso ser mais forte ou mais gentil por causa disso? Até mesmo os desafios trazem presentes, muitas vezes escondidos à vista de todos. Você só precisa olhar um pouco mais de perto.

# Capítulo 22: Moldando o Seu Mundo

Seu desenvolvimento não é um caminho solitário. Imagine milhões de pessoas sintonizadas na mesma frequência: meditando, buscando a paz e se esforçando para se curar. Redes construídas com base na confiança e em intenções comuns ampliam as possibilidades. Novas plataformas criam espaços em que as pessoas se encontram com honestidade e desenvolvem soluções que vão além dos sistemas antigos e ultrapassados. Esse impulso coletivo revela algo importante: quando nos alinhamos a objetivos mais elevados, as ondas que emitimos alcançam longe, tocando vidas, ecossistemas e futuros.

As divisões não são paredes fixas. A realidade muda a cada escolha de como vê-la e agir. Ouvir a própria voz interior e guiá-la com cuidado coloca a pessoa em um caminho, um passo consciente após o outro. O poder que você tem é o poder de escrever não apenas a sua própria história, mas também a história do mundo pelo qual você passa.

Lembre-se: o futuro não está esperando no fim da estrada. Ele já está fluindo através da soma do seu agora: os pensamentos que você tem, as escolhas que você faz, o amor que você oferece. Cada passo que você dá espalha ondas para fora. Seja seu objetivo curar a si mesmo, sua comunidade ou o mundo inteiro, essas verdades permanecem inabaláveis. Elas nos lembram que a verdadeira mudança começa dentro de nós e se espalha para fora, como ondulações em um mar calmo.

Ao decidir viver com intenção, você se torna coautor de sua experiência. Esse trabalho nunca termina, apenas se aprofunda. Sempre há mais a ser descoberto, mais potencial esperando para ser revelado. Dê um passo à frente, sem hesitar. O poder de moldar o seu mundo está dentro de você, esperando para ser despertado. Alcance o infinito. Veja como o extraordinário se inicia, momento a momento.

# Glossário

Afirmações: declarações positivas repetidas a si mesmo para desafiar pensamentos negativos e reforçar crenças ou resultados desejados.

Conexão mente-corpo: a relação entre os estados mentais (pensamentos e emoções) e a saúde física, demonstrando como eles se influenciam mutuamente.

Consciência coletiva: crenças, valores e sentimentos compartilhados por um grupo ou sociedade que moldam o comportamento coletivo e influenciam as mentes individuais.

Efeito observador: princípio da física quântica segundo o qual a observação afeta o comportamento das partículas subatômicas, sugerindo que a consciência tem um papel na formação da realidade.

Efeito placebo: resposta psicológica e fisiológica em que a crença na eficácia do tratamento leva à cura real, mesmo quando o tratamento é inerte.

Emaranhamento é um fenômeno quântico no qual partículas permanecem interconectadas, independentemente da distância, sugerindo uma unidade mais profunda no universo.

Física quântica: ramo da ciência que estuda o comportamento da energia e da matéia nos níveis atômico e subatômico, revelando aspectos não lineares e interconectados da realidade.

Inteligência emocional (IE): capacidade de reconhecer, compreender, gerenciar e usar as emoções de forma eficaz, tanto em si mesmo quanto nos outros, para construir relacionamentos e superar desafios.

Intenção: decisão clara e focada de tornar algo realidade, alinhando pensamentos, emoções e ações para alcançar um objetivo específico.

Neuroplasticidade: é a capacidade do cérebro de se reorganizar, formando novas conexões neurais com base em experiências, aprendizado e padrões de pensamento intencionais.

Ondas alfa: ondas cerebrais associadas à calma, ao estado de alerta, ao relaxamento e à conexão entre a atividade consciente e subconsciente da mente.

Ondas beta: ondas cerebrais mais rápidas, ligadas ao pensamento ativo, ao foco, à resolução de problemas e às tarefas diárias. Se estiverem hiperativas, podem levar ao estresse.

Ondas cerebrais: ritmos elétricos produzidos por neurônios que disparam em sincronia e influenciam os estados mentais, as emoções e a percepção.

Ondas delta: ondas cerebrais lentas, presentes durante o sono profundo e sem sonhos, que são essenciais para a restauração física e a consolidação da memória.

Ondas gama: ondas cerebrais de alta frequência associadas a uma consciência elevada, insights, criatividade e momentos de conexão espiritual.

Ondas theta: ondas cerebrais encontradas em estados meditativos ou hipnagógicos, ligadas à criatividade, à intuição, ao relaxamento profundo e ao acesso ao subconsciente.

Sincronicidade: coincidências significativas que ocorrem sem relações causais, mas que parecem refletir uma ordem ou conexão subjacente.

Sonho lúcido: prática de se tornar consciente dentro de um sonho, permitindo explorar e interagir conscientemente com o mundo onírico.

Visão remota: suposta capacidade de perceber alvos distantes ou invisíveis por meio de percepção extra-sensorial, estudada em certos experimentos da CIA.

Visualização: prática de imaginar cenários ou resultados detalhados para alinhar a mente e o corpo aos objetivos desejados, aproveitando o poder das imagens mentais.

# Bibliografia

Bentov, I. (1977). Stalking the wild pendulum: On the mechanics of consciousness. E.P. Dutton.

Chabris, C., & Simons, D. (2010). The invisible gorilla: How our intuitions deceive us. Crown.

Cousins, N. (1979). Anatomy of an illness as perceived by the patient: Reflections on healing and regeneration. W.W. Norton & Company.

Fermi, L. (1954). Atoms in the family. University of Chicago Press.

Gawain, S. (1978). Creative visualization: Use the power of your imagination to create what you want in your life. New World Library.

Gliedman, J. (1983, June). Einstein against the odds: The great quantum debate. Science Digest.

Goleman, D. (1995). Emotional intelligence: Why it can matter more than IQ. Bantam Books.

Hay, L. (1984). You can heal your life. Hay House.

Jager, M. (n.d.). The lamp turn laser [Monograph]. Monroe Institute of Applied Sciences.

Jung, C. G. (1952). Synchronicity: An acausal connecting principle. Princeton University Press.

Lipton, B. H. (2005). The biology of belief: Unleashing the power of consciousness, matter & miracles. Hay House.

Marks, J. (1979). The search for the "Manchurian Candidate": The CIA and mind control. Times Books.

McDonnell, W. M. (1983). Analysis and assessment of Gateway Process [Declassified CIA report]. Central Intelligence Agency. Retrieved from https://www.cia.gov/readingroom/docs/CIA-RDP96-00788R001700210016-5.pdf

McMoneagle, J. (1993). Mind trek: Exploring consciousness, time, and space through remote viewing. Hampton Roads Publishing.

McTaggart, L. (2002). The field: The quest for the secret force of the universe. HarperCollins.

Monroe, R. A. (1971). Journeys out of the body: The classic work on out-of-body experience. Doubleday.

Penrose, R. (1989). The emperor's new mind: Concerning computers, minds, and the laws of physics. Oxford University Press.

Purce, J. (1980). The mystic spiral: Journey of the soul. Thames and Hudson.

Sannella, L. (1976). Kundalini—Psychosis or transcendence?. Henry S. Dakin.

Smith, P. H. (2005). Reading the enemy's mind: Inside Star Gate—America's psychic espionage program. Forge Books.

Stone, P. (1983, March/April). Altered states of consciousness. The Mother Earth News.

Targ, R. (2012). The reality of ESP: A physicist's proof of psychic abilities. Quest Books.

Tart, C. T. (1969). Altered states of consciousness: A book of readings. Wiley.

Wise, A. (1995). The high-performance mind: Mastering brainwaves for insight, healing, and creativity. TarcherPerigee.

# Solicitação de resenha de livro

Caro leitor,

Obrigado por adquirir este livro! Gostaria muito de saber sua opinião. Escrever uma resenha de livro ajuda a entender os leitores e também afeta as decisões de compra de outros leitores. Sua opinião é importante. Por favor, escreva uma resenha sobre o livro! Sua gentileza é muito apreciada!

# Também escrito pelo autor

1. Alien Worlds: Biology, Society, and Spirituality Beyond Earth
2. Awakening the Inner Master: Rosicrucian Secrets to Wisdom and Inner Alchemy
3. Beyond the Surface: Finding Meaning in a Complex World
4. Broken to Blessed: Timeless Biblical Stories of Redemption and Hope
5. Children of the Stars: Humanity's Next Chapter
6. Decoding the Matrix: Finding Freedom in a Fabricated Reality
7. Embrace the Sting: Transforming Envy into Empowerment

8. Golden Dawn: The Alchemist's Guide to Inner Wisdom and Ritual Magic
9. Hidden Hooks: How Stories Snare Our Minds and Move Our World
10. Is Reality Real? Exploring the Mysteries of Physics and Philosophy
11. Masonic Keys: Unlocking Life's Design
12. Mind Unlocked: The CIA's Secret Guide to Shaping Reality
13. Scientology: Core Beliefs, Controversies, and the Quest for Clarity
14. Starborn Legacy: Humanity's Ancient Connection to Interstellar Life
15. Starfed: Alien Wisdom for Vibrant Living
16. Starlit Paths: Lessons from Beyond for Humanity's Rise
17. The Aligned Self: Integrating Ancient Chakra Wisdom into Modern Life
18. The Exorcist's Secret: How to Find Peace in a World of Unseen Conflict
19. The Hidden Kingdom: Jesus' Wisdom for a Transformed Life

20. The New Human: Evolving with Alien Wisdom
21. The Serpent's Gift: How Forbidden Knowledge Shaped Our Destiny
22. The Starseed Path: Embracing Your Cosmic Identity
23. The Viking Spirit: Embracing Life with Courage and Resilience
24. Who Am I, Truly?: Answering the Soul's Deepest Question on the Sufi Path

# Sobre a editora

Esse livro foi publicado pela 22 Lions Publishing.

www.22Lions.com

www.ingramcontent.com/pod-product-compliance
Lightning Source LLC
LaVergne TN
LVHW051116051026
849532LV00004BB/1569
* 9 7 9 8 3 3 0 3 4 0 9 8 9 *